植物生物刺激素
在农业上的应用与前景

◎ 葛春辉　徐万里　主编

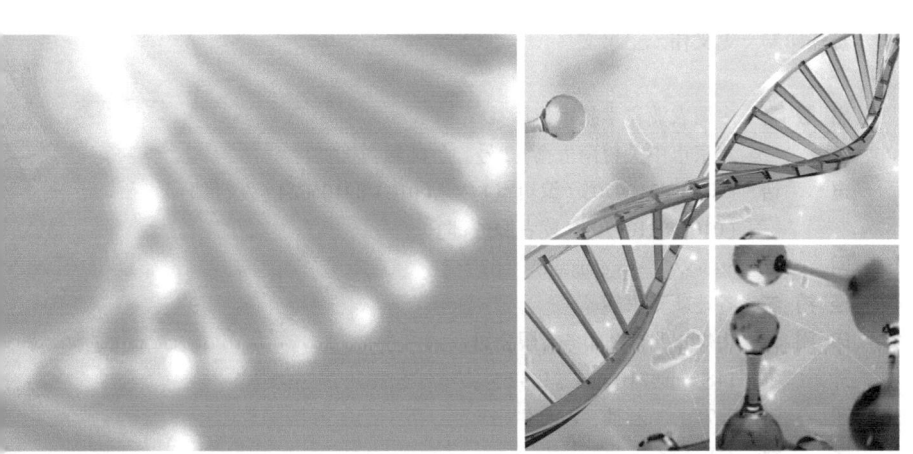

中国农业科学技术出版社

图书在版编目（CIP）数据

植物生物刺激素在农业上的应用与前景 / 葛春辉，徐万里主编 . --北京：中国农业科学技术出版社，2024.11（2025.7重印）. --ISBN 978-7-5116-7151-6

Ⅰ . S3；Q946.885

中国国家版本馆 CIP 数据核字第 2024JC1293 号

责任编辑	张国锋
责任校对	李向荣
责任印制	姜义伟　王思文

出 版 者	中国农业科学技术出版社 北京市中关村南大街 12 号　　邮编：100081
电　　话	（010）82109705（编辑室）　　（010）82106624（发行部） （010）82109709（读者服务部）
网　　址	https://castp.caas.cn
经 销 者	各地新华书店
印 刷 者	中煤（北京）印务有限公司
开　　本	148 mm×210 mm　1/32
印　　张	7.75　彩插　8 面
字　　数	218 千字
版　　次	2024 年 11 月第 1 版　2025 年 7 月第 2 次印刷
定　　价	58.00 元

◆━━ 版权所有·翻印必究 ━━◆

《植物生物刺激素在农业上的应用与前景》编写委员会

主　编：葛春辉　徐万里

副主编：杨培林　张云舒　邵华伟

参　编：任　静　孙　琳　郭芮嘉

　　　　李青军　张计峰　王金鑫

个人简介

葛春辉,研究员,新疆农业科学院土壤肥料与农业节水研究所新型肥料创制创新团队首席专家,主持国家级、自治区及其他项目18项,其中国家自然科学基金1项,自治区级项目5项,地区级项目2项,企业委托研发或技术服务项目12项。授权发明专利10项,其中第一发明人5项,且转化实施6项,涉及盐碱改良剂、腐殖酸有机肥、微生物肥料、生物肥料、堆肥菌剂等;发表文章20余篇,参编著作3部,获得自治区科技进步奖二等奖1项(排名第三);主要开展工农业有机废弃物资源化和新型肥料研发方面研究,具备较好的产品研发能力与经验,对新型肥料、腐殖酸肥料、生物炭基肥料、土壤改良剂研发具备一定的基础与能力。

徐万里,男,新疆农科院土壤肥料与农业节水研究所,研究员(2级)。长期从事中低产田改良与利用工作,科研成果获省部级一等奖(排名第一)1项,二等奖2项。发表论文90余篇,获批发明专利9件等。被聘为农业农村部耕地质量建设专家指导组成员(2018)、肥料登记委员会(第八、第十届)委员、第三次全国土壤普查内业组专家(2022年)等;授予国务院特贴专家(2019年)等。2022年获批农业农村部盐渍土改良与利用(干旱半干旱地区盐碱地)重点实验室,并任实验室主任;入选第一批新疆"天山英才"科技创新战略领军人才。

内容简介

本书主要介绍了当前植物生物刺激素的作用、定义、分类和应用概况。分章介绍了腐殖酸的作用及研究的最新进展，腐殖酸对作物的影响机理及效果；海藻及其提取物对作物生长的刺激作用，对作物代谢的影响及其应用方法；蛋白质水解物的相关知识，包括蛋白质的水解方法、分类、对作物代谢的影响及机理；甲壳素、壳聚糖及其衍生物的化学结构、制备、对作物的生长刺激作用及作物的农学响应；微生物及其制剂，包括植物根系促生菌剂、菌根真菌的特征性及应用；无机元素硅对作物生长的作用机理及有关产品；微生物和非微生物生物刺激素的设计与研发以及未来在精准农业实践中的应用前景。本书主要用于农业技术人员指导农业生产中植物生物刺激素的合理使用，也可以作为肥料研发人员和大专院校师生的参考资料。

前　　言

随着全球化肥使用量的不断增加，化肥对环境的影响日益成为公众关注的焦点。在确保粮食安全的前提下，探索如何减少肥料用量、提高肥料利用率并减轻肥料对环境的压力，成为当前研究的重要课题。目前众多研究者将目光投向肥料添加剂，特别是生物刺激素领域。生物刺激素作为一类能够促进植物生长的物质，其研究已历经近一个世纪，但将其作为肥料添加剂或提升肥料性能的辅助物质，在概念界定、产品开发、使用方法和管理体系上都是我们面临的新问题。本书汇聚了国内外关于生物刺激素的最新研究成果，以便为大家在生物刺激素的研究、开发与合理应用方面提供有价值的参考与指导。

本书的编写工作得到了 2023 年度新疆农业科学院稳定支持专项"耕地质量提升关键技术创新与示范-课题 3：农林废弃物高效无害化还田模式和产品研发"（课题编号：xjnkywdzc-2023002-3）与国家重点研发项目"新疆绿洲节水抑盐灌排协同产能提升技术模式与应用"（项目编号：2021YFD1900800）的共同资助，并由新疆农业科学院土壤肥料与农业节水研究所新型肥料创制创新团队完成。由于时间仓促，加之作者水平有限，谬误之处请广大读者斧正。

作　者

2024 年 6 月

目 录

第1章 植物生物刺激素的概念与功能 ·· 1
  1.1 生物刺激素概念的提出与发展 ·· 1
  1.2 生物刺激素的主要功能 ·· 2
      1.2.1 腐殖酸 ·· 3
      1.2.2 海藻提取物 ·· 5
      1.2.3 蛋白质水解物与氨基酸 ··· 6
      1.2.4 几丁质、壳聚糖及其衍生物 ······································ 8
      1.2.5 微生物菌剂 ·· 9
  1.3 生物刺激素产品的研发和应用 ·· 10
  1.4 欧洲市场对生物刺激素的监管 ·· 11
  1.5 我国生物刺激素的管理与应用概况 ································· 12
  1.6 总结与展望 ··· 14
  参考文献 ·· 16

第2章 生物活性化合物及生物刺激素活性评价 ·························· 19
  2.1 简介 ·· 19
  2.2 活性组分 ··· 19
  2.3 作用模式 ··· 22
  2.4 组学方法 ··· 24
  2.5 激素活性和体外测定 ·· 26
  参考文献 ·· 28

第3章 腐殖酸类物质（HA）在农业中的应用 ··························· 30
  3.1 简介 ·· 30

  3.1.1 腐殖酸的分类 30
  3.1.2 腐殖酸的特性 31
 3.2 腐殖酸肥料在促进作物增产上的应用 33
  3.2.1 刺激植物生长发育 33
  3.2.2 增强抗逆性能 35
  3.2.3 增产提质 36
 3.3 腐殖酸肥料在土壤改良上的作用 37
  3.3.1 改善土壤物理性质 37
  3.3.2 改善土壤化学性质 39
  3.3.3 改善土壤生物性质 40
 3.4 影响腐殖酸肥料应用效果的主要因素 42
  3.4.1 HA 来源 42
  3.4.2 HA 施用量 42
  3.4.3 土壤类型对 HA 吸附与分解的显著影响 43
  3.4.4 HA 的溶解度 44
 3.5 商业腐殖酸在农业生产中的应用 45
 3.6 未来研究腐殖酸的需求与方向 46
 3.7 结论 47
 参考文献 47

第4章 海藻提取物作为生物刺激素的应用 52
 4.1 简介 52
 4.2 海藻提取物对植物代谢的作用效果及作用模式 54
  4.2.1 海藻的初级代谢产物 54
  4.2.2 植物生长刺激作用 54
  4.2.3 植物保护剂 56
  4.2.4 藻类提取物的抗菌性能 57
 4.3 海藻提取物对植物生理的影响 57
  4.3.1 海藻提取物对种子萌发的影响 58
  4.3.2 海藻提取物对茎生长的影响 59

4.3.3　海藻提取物对根系生长的影响……59
　　4.3.4　海藻提取物对果实形成的影响……60
　　4.3.5　海藻提取物对农产品质量的影响……60
4.4　海藻提取物对园艺和农作物逆境胁迫耐受性的影响及作用方式……62
4.5　海藻提取物对根际微生物种群调节的影响……63
4.6　结论……64
参考文献……65

第5章　蛋白质水解物对作物的生物刺激作用……71
5.1　简介……71
5.2　生物活性化合物……72
5.3　蛋白质水解物对种子萌发、作物生长和产量的影响……74
5.4　蛋白质水解物对土壤养分有效性和养分利用效率的影响……76
5.5　蛋白质水解物对作物逆境胁迫的影响……78
5.6　蛋白质水解物对农产品质量的影响……81
5.7　结论和未来趋势……82
参考文献……82

第6章　壳聚糖及其衍生物在农业上的应用……85
6.1　壳聚糖衍生物……85
　　6.1.1　化学方法制备壳聚糖衍生物……86
　　6.1.2　物理方法制备壳聚糖衍生物……88
　　6.1.3　酶催化法制备壳聚糖衍生物……89
6.2　壳聚糖的功能……89
　　6.2.1　电荷作用……89
　　6.2.2　屏障作用……90
　　6.2.3　螯合作用……90
　　6.2.4　载体作用……91
6.3　壳聚糖及其衍生物在农业领域的应用……91

    6.3.1 作为植物生长调节剂……92
    6.3.2 作为农用药物……93
    6.3.3 作为农用肥料……94
    6.3.4 作为果蔬保鲜剂……95
  参考文献……96
第7章 根际促生细菌（PGPR）对作物的生物刺激作用……100
  7.1 简介……100
  7.2 PGPR菌株筛选及田间应用效果……101
    7.2.1 PGPR在植物根界面的定植……105
    7.2.2 PGPR的直接促生机制……107
    7.2.3 PGPR生防机制……111
    7.2.4 PGPR诱导植物产生诱导系统耐受性（induced systemic tolerance，IST）……117
  7.3 PGPR产品的商业化应用……120
  7.4 PGPR应用前景……122
    7.4.1 PGPR在克服作物连作障碍中的应用……122
    7.4.2 PGPR在作物逆境生产中的应用……123
    7.4.3 PGPR在土壤修复中的应用……123
  参考文献……123
第8章 丛枝菌根真菌作为生物刺激素的应用……127
  8.1 简介……127
  8.2 丛枝菌根（AM）真菌的功能和应用效益……128
    8.2.1 双向养分交换……128
    8.2.2 土壤养分匮缺……129
    8.2.3 土壤水分胁迫……130
    8.2.4 土壤质量……131
    8.2.5 适宜环境下丛枝菌根（AM）结合体的响应……132
  8.3 成功应用丛枝菌根真菌的因素……133
  8.4 结论……136

参考文献……………………………………………………………137

第9章 硅作为生物刺激素在农业中的应用……………………141
9.1 简介………………………………………………………141
9.2 有效硅的检测与分析……………………………………142
9.3 植物硅的积累、运输和沉积……………………………144
    9.3.1 硅在植物体内的主动与被动运输系统……………146
    9.3.2 硅在植物组织中的转运与沉积……………………148
9.4 硅对植物逆境胁迫的生理响应…………………………149
9.5 硅对植物重金属耐受性的影响…………………………153
9.6 逆境胁迫条件下硅对植物的应激反应与促生作用……154
9.7 总结与未来趋势…………………………………………157
参考文献……………………………………………………………157

第10章 微生物和非微生物生物刺激素的设计与研发………165
10.1 简介……………………………………………………165
10.2 生物刺激素的开发过程………………………………166
    10.2.1 产品创意的生成与初步评估……………………167
    10.2.2 流程开发过程………………………………………168
    10.2.3 筛选生物刺激素产品………………………………169
    10.2.4 质量控制和安全……………………………………170
    10.2.5 田间试验……………………………………………171
    10.2.6 法规与市场定位……………………………………172
10.3 工业案例研究…………………………………………172
    10.3.1 丛枝菌根菌接种剂…………………………………172
    10.3.2 蛋白质水解物………………………………………175
10.4 未来趋势………………………………………………176
参考文献……………………………………………………………177

第11章 生物刺激素对养分利用效率（NUE）的影响………180
11.1 简介……………………………………………………180
11.2 腐殖质和黄腐酸物质…………………………………181

11.2.1　与养分利用效率相关的作用模式……182
　　11.2.2　结论……184
11.3　微生物生物刺激素……185
　　11.3.1　丛枝菌根真菌（AMF）……185
　　11.3.2　固氮杆菌和螺旋菌……186
　　11.3.3　与养分利用效率相关的作用模式……187
　　11.3.4　结论……190
11.4　海藻和藻类提取物……190
　　11.4.1　与营养利用效率相关的作用模式……191
　　11.4.2　结论……193
11.5　蛋白质水解物……193
　　11.5.1　与养分利用效率相关的作用方式……194
　　11.5.2　结论……196
11.6　结论和未来趋势……196
参考文献……198

第12章　生物刺激素在精准农业实践中的应用……205
12.1　简介……205
12.2　监测土壤和植物的空间变异性……206
12.3　基于统一管理区的特定区域管理……208
12.4　特定区域的农业投入应用……209
12.5　生物刺激素的精准施用技术……210
12.6　结论和未来趋势……212
参考文献……213

附　录……216
1　腐殖酸铵制备工艺……216
2　腐殖酸的提取……220
3　腐殖酸活化工艺……224
4　不同腐殖酸物质对玉米苗期生长及养分吸收的影响……228

附　图……237

第1章 植物生物刺激素的概念与功能

生物刺激素（Biostimulant）是农资市场上出现的一类新型产品，呈现快速增长的发展势头，成为业内关注的一大热点。一方面，近年来我国农药和化肥的不合理使用对土壤环境造成了破坏，需要生物刺激素进行调节；另一方面，生物刺激素能够促进农作物增产，推动其在农业领域的广泛应用。然而，生物刺激素长期被冠以多种不同的称谓，如植物生长促进剂、生物活性剂、植物助长剂、土壤改良剂、生长调节剂等。尽管"生物刺激素"这个名词近几年才受到人们的关注，但其在学术界的概念还未统一。目前，欧美地区是生物刺激素产品的最大市场，这类产品在欧洲和北美地区的研发和应用相对较多，主要应用于农作物和园艺植物。我国近几年才开始引进该类产品，并将其应用于农业生产。由于中国生物刺激素产品在登记管理、生产和销售监管等方面面临的现实问题，使这类产品一直未能获得市场客观和全面的认识，在一定程度上限制了该类产品的开发和应用。本章对生物刺激素的发展情况、主要分类和功能机制进行论述，并探讨其在农业上的应用前景，同时分析存在的问题，为国内企业的研发和应用提供一定的帮助[1]。

1.1 生物刺激素概念的提出与发展

化学农药与肥料的出现促进了现代农业的发展，然而，农药与肥料的过度使用与滥用不仅导致土壤养分比例失调、作物低产、品质差劣和抗逆性降低，而且引起环境污染和食品安全等一系列问题。因此，寻找经济高效、环境相容性好的植物保护新方法、新技术、新产品是保障农业生产，解决当前环境污染和食品安全危机的迫切需求。近年来，在植保领域新产品的研发探索中，一类能够通过给予植物刺激而发挥功能的物质逐渐获得了科学界与产业界的重视，这类物质被称为植物生物刺激素。"植物生物刺激素"一词，最初由西班牙格莱西姆矿业公司于1976年提出，但当时并未对生物刺激素进行明确定义，更多的是一种商业概念。直至2007年，Kauffman等[2]首次科学地界定的生物刺激素为：一种与肥料性质不同的物质，低浓度应用可以促进植物的生长。此后，生物刺激素的研究发展更为迅猛。2011年，欧洲生物刺激素产业联盟（EBIC）成立，并于2012年7月重新将植物生物刺激素定义为：一种含有特定成分和（或）微生物的物质，当这些成分和（或）微生物施用于植物的叶片或根际时，能够调节植物体内的生理过程，如有益于吸收营养、抵抗非生物胁迫及提高作物品质等，而与营养成分无关[3]。此后，"生物刺激素"这一名词逐渐由商业用语转变为科学术语，在越来越多的科学文献中被引用，同时，关于其功能与作用机制的研究也在不断深入。

1.2 生物刺激素的主要功能

生物刺激素的作用靶标是农作物本身和所在的土壤环境，主要是通过多种途径作用于作物从种子萌发到成熟收获的整个生命周期。与传统的化学农药和肥料相比，生物刺激素的功能有很大不同。根据相关文献的报道，将其主要功能归纳为以下5点：①通过增强营养物质的吸收和运输促进植物的生长；②通过增强植物免疫力来提高植物的抗病和抗逆性；③调节和改善植物体内的水分平衡；④提高土壤的理化性质，保护和改善土壤，促进土壤有益微生物的生长；⑤提升农产品的品质（糖度和色泽）和延长其贮藏期等。值得注意的是，植物生物刺激素与传统概念中的植物生长调节剂功能有相近之处，但也存在显著差异。具体而言，生物刺激素的来源更为广泛、功能更加多样。植物生物刺激素不仅作用于植物，还能够作用于土壤及土壤微生物。更为重要的是，生物刺激素通过增强植物的代谢过程来实现其功效，并不改变植物原本的代谢途径。

目前公认的植物生物刺激素主要有以下5类：腐殖酸，海藻提取物，蛋白质水解物与氨基酸，几丁质、壳聚糖及其衍生物以及微生物菌剂。本文将对这5类生物刺激素的来源、功能与部分作用机制逐一进行介绍[1]。

1.2.1 腐殖酸

腐殖酸类物质是有机质的重要组成部分，是土壤、动物粪便、低阶煤（泥炭、褐煤、风化煤等）以及农业副产品和废弃物处理过程中形成的物质。不同类型的土壤中，腐殖酸的含量和性质各有差异。腐殖酸的结构比较复杂，其基本结构单元如图1-1所示。作为植物生物刺激素，腐殖酸具有多种生理功能，如增强营养物质的吸收、改善植物根际环境、提高土壤结构和肥力、加快植物体内新陈代谢、促进植物生长、提高植物的抗逆性以及减少病虫害的发生。由于腐殖酸具备这些独特的生理功能，并且来源广泛、制备成本低廉、应用方式多样，因此在农业生产中得到了广泛应用。腐殖酸作为生物刺激素，主要通过加强植物根系的发育来促进植物的生长。Aguirre等[4]研究发现，腐殖质可以提高番茄、小麦、水稻、玉米、拟南芥等种子的萌发率，促进侧根的伸长，进而提高农作物的产量并改善其品质。腐殖酸中富含的多聚阴离子，一方面能够增强土壤中阳离子交换量，干扰磷酸钙沉淀的形成，从而增加植物可利用的磷含量；另一方面通过调节H^+-ATP酶的活性来增强植物根部对营养元素的吸收和转运，促进植物生长。腐殖酸能够激活植物质膜H^+-ATP酶的活性，促使ATP水解过程中释放的能量转换为跨膜电势能,进而加强了植物对土壤中硝酸盐和其他养分的吸收,有助于细胞壁松弛、细胞增大和营养器官的生长。此外,腐殖酸还可以增强植物对多种生物胁迫的抵抗力。Trevisan 等[5]研究发现,腐殖酸能够促进水稻幼苗在水分胁迫条件下的生长,增强光合作用效率。在水分胁迫条件下,水稻幼苗萌发 10 d 后,体内会伴随着渗透压的出现(图 1-2a);而经过腐殖酸处理过的幼苗则能够抵御这种胁迫(图 1-2b)。与未处理的对照组相比,水分胁迫下萌发 25 d 后的腐殖酸处理水稻幼苗,其叶绿素、类胡萝卜素、可溶性蛋白质和可溶性糖含量明显提高。Horinouchi 等[6]研究表明,腐殖酸还能通过影响植物信号的传递途径来调控植物的生理代谢和对逆境胁迫的响应。

图 1-1 腐殖酸分子的基本结构单元

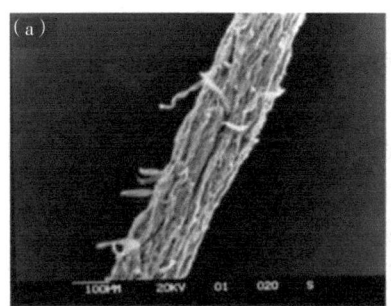
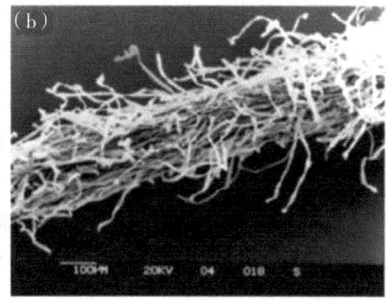

图1-2 清水处理的根毛(电镜扫描,a)和腐殖酸处理的根毛(电镜扫描,b)

1.2.2 海藻提取物

在传统农业中，海藻提取物一直被当作有机肥料使用，而海藻提取物具有生物刺激素的功效是近年来才被报道的。目前商业中使用的海藻提取物，主要包括多糖类物质，如海带多糖、卡拉胶和海藻酸盐（图1-3）以及它们的分解产物；海藻提取物中的其他成分，如微量元素、大量元素、甾醇类化合物、含氮化合物（如甜菜碱、激素等），也具有促进植物生长的功效。海藻提取物通过调节农作物的新陈代谢和生理功能，促进作物根系生长，增加生物量进而提高农作物的产量。同时，它还能有效缓解病虫害，预防冻害和干旱等非生物逆境，对农作物品质也有一定的改善作用。在促进植物生长的机制中，海藻提取物通过改善植物的根际土壤环境发挥作用，例如，海藻酸盐施入土壤中可形成腐殖黏土复合物，增强土壤团聚体的稳定性和透气性，可以直接促进作物对营养物质的吸收效率。海藻多糖还能够影响植物根际微生物区系的分布，刺激土壤中有益菌更好地作用于植物体，抑制病原微生物的增殖。与腐殖酸类似，海藻提取物中也含有大量的聚阴离子化合物，能够螯合土壤中的重金属阳离子，在修复重金属污染的土壤中也起着一定的作用。作为生物刺激素，海藻提取物直接作用于植物生长发育的多个方面。通过增强植物根部硝酸还原酶和磷酸酶的积累，增强植物对矿物营养成分的吸收能力，提高了叶绿素含量与光合作用效率，这一系列生理变化不仅增强了植物抵抗各种环境胁迫及病虫害的能力，还显著提升了作物产量。最新研究发现，海藻提取物中富含多种植物激素（如细胞分裂素、生长素、脱落酸、赤霉素等），这些激素协同作用，共同促进植物的生长与抗逆性提升[1]。Rayorath等[7]研究表明，泡叶藻提取物（ANE）在极低浓度（0.1 g/L）下，能够促进拟南芥的根系生长；而在较高浓度（1 g/L）下，植物的高度和叶片数量会受到影响。这一研究表明，用提取物处理的植物显示出比对照植物更强的生长效果，并且这种效果具有浓度依赖性。近年来,针对海藻提取物的研发工作更倾向于从混合物向单一物质发展,其中,利用丰富的海藻酸多糖资源制备海藻寡糖并开发寡糖农用制剂具有较好前景。中国科学院大连化学物理研究所将海藻酸钠寡糖应用于小麦,研究结果表明,海藻酸钠寡糖浸种处理后,显著提升了小麦种子的萌发率。浓度为0.05%的海藻酸钠寡糖水溶液处理时效果最佳,发芽指数和活力指数分别比清水对照提高了12.96%和14.74%,不定根数增加了12.13%。此外,该处理还促进了小麦叶片中叶绿素、可溶性糖和可溶性蛋白质含量的增加,进一步提升了小麦对干旱胁迫的抗性。中国科学院大连化学物理研究所在聚乙二醇-6000(PEG-6000)模拟的干旱条件下研究海藻寡糖对小麦生理、生化指标的影响,结果显示,PEG处理的小麦生长显著受到抑制,然而海藻寡糖前处理的小麦幼苗、根长、鲜重和相对含水量与PEG单独处理比较,分别增加了18%、26%、43%和33%。海藻寡糖处理的小麦中抗氧化酶活性明显增强,丙二醛(MDA)含量降低37.9%,ABA信号通路中耐旱相关基因的表达显著上调。

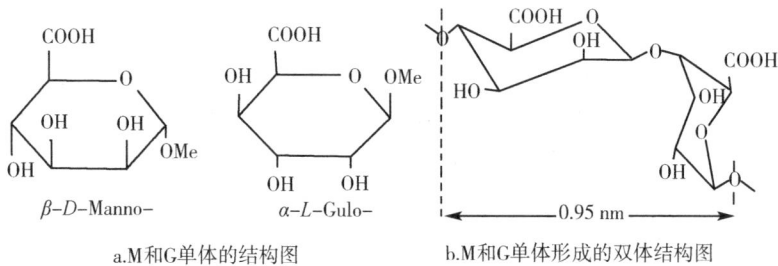

a.M和G单体的结构图　　b.M和G单体形成的双体结构图

图1-3　海藻酸盐高分子的基元结构

1.2.3　蛋白质水解物与氨基酸

蛋白质水解物主要是由植物源(种子、农作物秸秆)和动物源(胶原、上皮组织)残留物通过酶解法、化学法或热水解法得到的产物,以及工农业副产品水解产生的氨基酸、多肽、蛋白质混合物及一些含氮化合物(如甜菜碱、多胺、非蛋白氨基酸)[8]。植物根部通过吸收和转运蛋白质水解的氨基酸和小肽,调节植物的新陈代谢和生理生化反应,促进种子萌发与根系发育,增强营养物质吸收,提高植物的抗逆性,进而提高农作物的产量。蛋白质水解物通过多种机制刺激植物的生长。一方面,植物的根部和叶片直接吸收蛋白质水解物,这些物质进入植物体内后,进一步转运至其他组织部位,直接参与蛋白质的合成和其他含氮化合物的形成,促进植物生长。另一方面,植物的根系利用特殊氨基酸和小肽的螯合和配位功能,结合可利用的营养元素,提高营养物质的利用率,促进植物的生长,提高作物的产量。例如,脯氨酸具有抗氧化活性,通过清除自由基保护植物组织免受活性氧胁迫;脯氨酸等氨基酸还具有螯合作用,能减少重金属元素对植物的毒害,缓解环境压力,并有助于微量元素的转运和吸收。另外,氨基酸可以调控氮同化过程相关酶的活性,作为植物根部氮吸收过程中的信号分子,直接影响氮的吸收和同化过程。如通过调控三羧酸循环酶,促进植物体内 C、N 元素代谢的转换。Ertani 等[9]研究表明,蛋白质水解物处理植物可以激活 C 元素代谢酶(如苹果酸脱氢酶、异柠檬酸脱氢酶、柠檬酸合成酶)和 N 元素还原及同化代谢酶(如硝酸还原酶、亚硝酸还原酶、天冬氨酸转氨酶等)的活性。蛋白质水解物和氨基酸还能刺激植物次级代谢,增强植物防御反应和抵抗力。此外,蛋白质水解物也能应用于土壤,间接影响植物的营养状况和生长。蛋白酶解物能增加土壤微生物的生物量和活力,改善土壤通气性和肥力,同时有利于降低重金属对植物的毒害。如某些氨基酸(如脯氨酸)的螯合效应,不仅能保护植物免受重金属毒害,也有助于土壤中微量元素的输送,增强植物的营养吸收能力,促进植物生长。

1.2.4 几丁质、壳聚糖及其衍生物

几丁质是海洋甲壳类动物的外壳和许多真菌细胞壁的组成成分，由 N-乙酰氨基葡萄糖通过 β-1,4 糖苷键连接形成的线性多糖构成）（图 1-4A）。壳聚糖是几丁质经过脱乙酰化处理的产物（图 1-4B），而壳寡糖则是壳聚糖的降解产物。几丁质和高分子量的壳聚糖溶解性很差，而低分子量壳聚糖和壳寡糖具有良好的水溶性，因此在农业生产中得到了广泛应用。作为生物刺激素，几丁质、壳聚糖及其衍生物可通过增加植物细胞渗透性提高营养物质吸收、促进根系发育、提高植物光合作用、调节作物生长并诱导植物抗病性。此外，壳聚糖还能有效抑制土壤中病原菌的繁殖，改善土壤团粒结构，从而提高作物产量和品质。几丁质及其衍生物能激发植物产生广谱抗菌能力，通过诱导植物防卫基因的表达，促使植物细胞壁增厚、木质化，以及胼胝质的形成，从而阻止细菌入侵；同时，它们还能诱导植物合成抗性蛋白和植保素，抑制病原菌的生长。此外，尽管几丁质在提高种子发芽率和机体免疫力方面与壳寡糖相似，但是在营养物质的定向运输调控上是不同的。几丁质能够调节营养物质定向运输至果实、种子等处，有助于改善作物品质。壳寡糖是由几丁质经过生物酶催化和脱乙酰化加工得到的低聚糖，其分子结构由 2~10 个 D-氨基葡萄糖通过 β-1,4 糖苷键连接而成。与壳聚糖相比，壳寡糖的分子量低，水溶性好，生物活性高。作为生物刺激素，壳寡糖通过调控植物基因的转录与表达，调节体内激素与酶的合成，进而促进作物的根、茎、叶生长，使根系更为发达。实验表明，壳寡糖叶面喷施能增加小麦中脯氨酸、还原糖等低温抗性相关次生代谢物的积累，提高叶绿素含量，增强抗倒伏、抗旱、抗寒等抗逆能力，并提升光合作用效率。目前根据寡糖作用机理的研究结果，推测寡糖诱导子首先被植物细胞膜上的受体蛋白识别，并产生跨膜信号，可迅速引起质膜去极化、离子通道开放等早期响应，进而引起过氧化氢、活性氧等信使分子传递，激活植物激素途

径,调控防卫基因的表达,积累次生代谢产物,最终实现抗病性的提升。对几丁质、壳聚糖及其衍生物诱导植物抗病机制的深入研究,将为其作为生物刺激素在农业中的合理应用起到推动作用[10]。

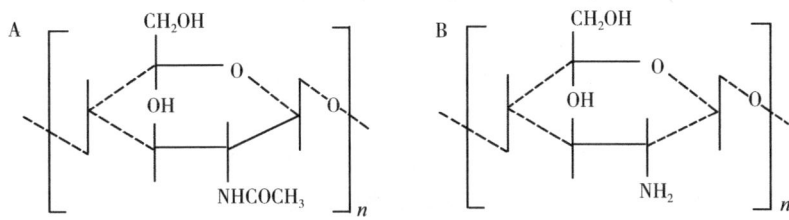

图 1-4　几丁质 (A) 和壳聚糖 (B) 的分子结构

1.2.5　微生物菌剂

微生物菌剂是指一类富含特定微生物活体的有益真菌和细菌制剂,它们通过所含微生物的生命活动,增加植物养分的供应量,促进植物生长,提高产量,改善农产品品质及农业生态环境。常见的微生物菌剂广泛存在于土壤、植物、植物残体、水体和肥料堆肥等环境中。研究表明,微生物菌剂的施入可使土壤中微生物量显著增加,这些增加的微生物活动又可以促进土壤酶活性的增强,加速土壤难溶性矿物养分的分解与释放。同时,这些微生物还能分泌植物激素,促进作物生长[1]。丛枝菌根真菌(*Arbuscular mycorrhizal fungi*,AMF)是目前在农业上应用最为广泛的一类真菌类菌剂代表。它分布广泛,能与植物形成共生体,宿主植物主要依赖菌根的菌丝获取养分,从而减少了对自身根系生长的需求。同时 AMF 不仅能促进植物根系生长,改变根系特征,有利于植物从土壤中吸收更多的矿质元素;还能增强植物的光合作用、提升宿主保护系统的能力、增加宿主细胞的渗透调节能力,并改善根际微环境,提高土壤肥力,从而促进植物生长发育。内生真菌和菌根真菌与植株相互作用,促进了生物碱、茉莉酸、一氧化氮及酶类等信号分子的产生，这些物质参与植物的防御机制，提高了植物的抗性[11]。有益细菌和真菌的作用机制类似，通过调节植物的根际微生物促进植物的生长。有益细菌进入土壤后，其生长繁殖过程中产生的次生代谢产物能够改善土壤结构，增强土壤呼吸和保水能力，显著增加了土壤微生物量，激活有益微生物的活动，产生多种营养物质和刺激物质，反过来又促进微生物菌剂的生长发育和作物生长，最终实现增产目标。

另外，有益细菌还能在作物根系周围形成优势种群，抑制或拮抗有害病原菌的生长繁殖，减轻作物发生病害的程度。它们能诱导或激活有益微生物在植物根际或体内的定植，促进植物生长，而且可以通过微生物与植物之间的互作来增强植物的抗病与抗逆能力，从而提高农作物品质及产量。例如，杨婷等[12]研制的复合微生物菌剂对生菜根结线虫具有较好的防治效果，同时促进了生菜的生长，增产率高达47.2%。

腐殖酸，海藻提取物，蛋白质水解物与氨基酸，几丁质、壳聚糖及其衍生物和微生物菌剂5类生物刺激素，均具有多样功能，但各自又有优势与不同，基于其功能特性，其应用方式也各不相同：腐殖酸多用于叶面喷施和土壤处理，少量用于种子处理；蛋白质水解物及氨基酸主要应用于植物叶片和土壤；海藻提取物因其作用广泛、安全性高，在叶面、土壤及种子上均有应用，效果显著；几丁质与壳聚糖及其衍生物主要应用于叶面喷施，少量进行种子处理，土壤使用比例较小；微生物菌剂主要集中在土壤处理和种子处理两方面，均表现出了十分理想的效果[1]。

1.3 生物刺激素产品的研发和应用

生物刺激素产品的研发主要受生物资源和技术方法的影响。首先，生物质资源的选择作为研发的第一步至关重要。目前，工业生产产生的废弃物和副产物已成为高活性生物刺激素的主要来源。在评估原料是否适合开发生物刺激素时，必须考虑以下三个因素：①收集便捷性和成本低廉性；②高可用性；③环境友好性和经济实用性。先进的研究技术方法是加速植物生物刺激素产品研发的另一个关键因素。传统的生物刺激素的研发遵循经典的"药理学"方法，在非控制条件下筛选活性物质或微生物，并通过逐步筛选程序确定候选物，最终从实验室研究应用到现实生产中。相比之下，另一种方法是从实地观察开始，然后回到实验室，进行系统化的科学研究。例如，研究发现生物刺激素使得植物与根际微生物之间的相互作用方式发生改变，通过调节细菌种群的组成和根际的营养吸收，从而促进植物生长[13]。近年来，随着植物生理学理论的深入和技术研发的突破，如多性状高通量筛选（MTHTS）技术[14]的应用，生物刺激素的研发效率显著提升。此高通量植物表型平台不仅用于表征功能基因组学研究，还可以用于研究生物刺激素在环境胁迫下与植物的互作模式。此外，Giovanni Pover 等[15]开发的高效自动集成化平台 GeaPower@，专门用于差异化生物刺激素的发现、开发、表征和生产。在未来，我们可以综合应用这些技术来高通量表征生物刺激素并研究其对植物的影响。生物刺激素因其来源广泛、功能多样，在农业中得到了广泛应用。在植物生长发育的各个阶段，生物刺激素的使用对农作物的产量和质量都有显著的影响。例如，海藻提取物和壳寡糖施用于农作物提高了叶绿素含量，增强了光合作用效率，从而达到农作物增产的功效。此外，生物刺激素作用于植物可以提前应对各种环境胁迫（如霜冻、干旱及化学污染等），促进胁迫后的恢复。生物刺激素除了能够作用于植物本身外，还能够作用于土壤及土壤微生物，通过调节植物根际微生物的分布进而影响植物生长。

1.4 欧洲市场对生物刺激素的监管

目前，生物刺激素类产品在欧洲各国间的名称有所不同，且受到严格的法律管制,并且这些产品在各国之间的监管程序相差很大,其销售量也有所不同。例如,英国市场允许产品直接且免费上市,而丹麦、西班牙和荷兰必须向主管当局提交上市前通知,法国、匈牙利和捷克则必须经过严格的授权程序后才能进入市场营销。这种监管差异导致了市场混乱,从而对有机农业的推广产生了负面影响,并威胁到欧洲单一市场的公平竞争原则,同时也给运营商及有机生产认证机构带来了不便,极大地限制了生物刺激素的生产和应用。欧洲生物刺激素行业协会(EBIC)的成立旨在协调市场混乱,促进生物刺激素在欧洲各国间的流通和市场的公平竞争[16]。EBIC 制定了植物生物刺激素的市场监管法规条例和使用指导方针,指出市场上的此类产品必须标注以下信息:①产品的成分、性质和来源;②生产过程的描述;③产品的功效;④由认证实验室发布的分析报告并附有相关参数;⑤使用领域、剂量和使用方式;⑥型号标签。监管部门还需要开发一套高效的生物刺激素功效监测工具,以便精确地分析其可能带来的不良影响。

1.5 我国生物刺激素的管理与应用概况

在我国,生物刺激素仍是一个相对较新的概念,尚未有明确的定义与物质界定。然而,我国应用生物刺激素的历史已有很长一段时间,从 20 世纪 50 年代开始,我国就十分重视泥炭腐殖酸资源的开发利用。目前,我国对生物刺激素的管理主要涵盖肥料和农药两大领域,以肥料管理为主。

在肥料管理方面,我国并未将生物刺激素作为单独类别管理,而是进行分类管理。参照国际认可的生物刺激素分类,我国生物刺激素的具体管理方法如下。

微生物制剂及提取物:我国将微生物作为一大类肥料进行管理,目前,把微生物肥料基本分为三种:第一种是菌剂类,按照 GB 20287—2006《农用微生物菌剂》国家标准,液体菌剂每毫升有效活菌数不小于 2 亿个，粉剂每克有效活菌数不小于 2 亿个，颗粒产品每克有效活菌数不小于 1 亿个，并符合其他指标。第二种是生物有机肥类，根据《生物有机肥》（NY 884—2012）农业行业标准，每克产品有效活菌数不小于 0.2 亿个，有机质（干基计）不低于 25%，并符合其他指标。第三种是复合微生物肥料类，根据《复合微生物肥料》（NY/T 798—2015）农业行业标准，液体复合微生物肥料有效活菌数不小于 0.5 亿个，总养分不低于 4.0%；粉剂和颗粒型产品有效活菌数不小于 0.2 亿个，总养分不低于 60%。有关有效活菌的功能性方面正在逐步细化。

水解和消化的动物残体：水解和消化的动物残体类生物刺激素的管理，依据《含氨基酸水溶肥料》（NY 1429—2010）农业行业标准，含氨基酸水溶肥分三种情况，即中量元素型固体肥料，主要指标是游离氨基酸不少于 10%，中量元素不低于 3%；中量元素液体肥料，主要指标是游离氨基酸不少于 100 g/L，中量元素不低于 30 g/L；微量元素液体型肥料，主要指标是游离氨基酸不少于 100 g/L，微量元素不低于 20 g/L，同时符合其他指标。对于肥料中的氨基酸种类没有明确要求。

胡敏酸和富里酸：根据我国含胡敏酸和富里酸的肥料标准《含腐殖酸水溶肥料》（NY 1106—2010），含腐殖酸水溶肥分三种情况，即大量元素型固体肥料，主要指标是腐殖酸含量不少于 3%，大量元素不低于 20%；大量元素液体肥料，主要指标是腐殖酸含量不少于 30 g/L，大量元素不低于 200 g/L；微量元素型肥料，主要指标是腐殖酸含量不少于 3%，微量元素不低于 6%，同时符合其他指标。对其中腐殖酸种类没有具体要求。同时，我国农业农村部目前还没有对非水溶性肥料，特别是大量元素复合肥中添加腐殖酸没有具体规定。中国腐殖酸工业协会多年来一直致力于腐殖酸肥料标准的制定，目前制定了《腐殖酸有机无机复混肥料》协会标准，将腐殖酸有机-无机复混肥料分为三个类型，其主要指标是：Ⅰ型总养分含量大于 15%，腐殖酸总量大于 20%；Ⅱ型总养分含量大于 25%，腐殖酸总量大于 15%；Ⅲ型总养分含量大于 30%，腐殖酸总量大于 10%。

海藻及植物提取物：有关海藻及植物提取物的管理，我国目前没有具体的标准，在肥料登记时，是按有机水溶肥进行登记的，我国目前有机水溶肥中的主要指标是有机质，根据有机质的不同，对其含量要求也不相同，什么种类的有机质需要多少量，须经过专家委员会认可。

无机及合成产品：主要是按土壤调理剂进行管理。

截至 2024 年 6 月，我国农业农村部登记涉及生物刺激素的有 17 808 个，其中微生物肥料 10 232 个，占涉及生物刺激素肥料登记的 57.46%，微生物菌剂 5 229 个、复合微生物肥剂 1 749 个、生物有机肥 3 254 个。含氨基酸水溶肥 3 191 个，占涉及生物刺激素肥料登记的 17.92%。含腐殖酸水溶肥料 3 375 个，占涉及生物刺激素肥料登记的 18.95%。有机水溶肥 1 010 个，占涉及生物刺激素肥料登记的 5.67%。[17]

1.6 总结与展望

当前植物生物刺激素研究无论在产业界还是学术界都受到前所未有的关注，生物刺激素已在我国广泛应用于粮食作物（小麦、玉米、土豆等）、蔬菜（黄瓜、番茄等）、果树（柑橘、葡萄、苹果、梨、草莓等）和花卉、苗圃等，达到增产增收的效果。随着国际上生物刺激素研发与应用迅速发展，推动了我国在可持续农业实践快速发展。虽然生物刺激素的功效已得到广泛认同，前景发展可期，但是作为一种新兴事物，植物生物刺激素发展目前仍有很多问题需要解决，主要包括如下几项。

（1）产品规范性与标准化。植物生物刺激素品种繁多，市场产品鱼龙混杂、参差不齐，针对这种与传统化学农药肥料不同的新事物，急需国家相关部门与行业制定相关法律法规、政策、规范条例与技术标准等来加以约束。

（2）高效生产技术缺乏。虽然目前腐殖酸、蛋白质水解物与氨基酸、海藻提取物、几丁质与甲壳素及其衍生物、微生物菌剂这五类产品在国内均有生产销售，但以初级产品居多，高端产品市场为国外所垄断。主要原因是高品质产品（如高纯度、高活性）制备技术欠缺或未能实现产业应用。国内优势科研单位与企业应加快在此领域的技术创新，深入产学研合作，解决高效生产技术问题。

（3）作用机制仍不明确。由于植物生物刺激素的成分相对复杂，这一特点决定了其作用机制靶标性并不十分明确；导致其作用机制研究将是漫长复杂的过程。通过从特定的植物生物刺激素中选取活性功能强、结构明确的单一化合物进行作用机制研究是深入此方面研究的较好模式。

（4）应用技术仍不明确。植物生物刺激素概念来源于实际应用，但具体应用技术也存在问题。通过田间试验及推广应用，明确针对不同地区、不同作物、不同条件下的各类植物生物刺激素使用技术是其产业应用的重要保障。这需要科研工作者及相关从业人员规范性的试验及规律性的总结。

相信在民众需要、国家要求、业界重视的背景下，上述问题都会逐步解决，植物生物刺激素研究将在近几年成为植物保护领域的又一个热点，植物生物刺激素产品也会为我国"化学农药肥料减施增效"提供助力，发挥重要作用[1]。

目前，生物刺激素产品发展比其标准和法规更快，可能会对行业发展不利，生物刺激素相关国际标准的制定已经被提上议程。生物刺激素以其独特的功效得到了越来越多的认可，但其检测方法还不完善，产品功效尚不明确。总的来说，行业内比较认可的是欧盟的生物刺激素相关标准，但考虑到各国的差异，国际标准将在欧盟标准的基础上，结合各国国情进行调整，以提高生物刺激素标准的全球适用性。基于生物刺激素产品的组成现状和作用机理，国内一直将其纳入肥料管理中。我国政府已对生物刺激素产品施行了税费减免、补贴等政策,大力支持生物刺激素产品在国内的推广。此外,我国还应结合绿色农业发展需要对生物刺激素产品进行战略规划,开展活性物质作用机理、检测方法的研究,形成相应标准及规范,针对市场准入和监管建立登记、审核程序,促进国内生物刺激素市场的健康发展[17]。

参考文献

[1] 谢尚强,王文霞,张付云.植物生物刺激素研究进展[J].中国生物防治学报,2019,35(3):487-496.

[2] Kauffman G L, Kneivel D P. Effects of a biostimulant on the heat tolerance associated with photosynthetic capacity, membrane thermostability, and polyphenol production of perennialryegrass [J]. Crop Science, 2007, 47 (1): 261-267.

[3] EBIC. What are biostimulants? [EB/OL]. (2012) [2023-04-01]. http://www.biostimulants.eu/about/what-are-biostimulants, 2012.

[4] Aguirre E, Leménager D, Bacaicoa E. The root application of a purified leonardite humic acid modifies the transcriptional regulation of the main physiological root responses to Fe deficiency in Fe-sufficient cucumberplants [J]. Plant Physiology and Biochemistry, 2009, 47 (3): 215-223.

[5] Trevisan S, Botton A, Vaccaro S. Humic substances affect Arabidopsis physiology by altering the expression of genes involved in primary metabolism, growth and development [J]. Environmental and Experimental Botany, 2011, 74: 45-55.

[6] Horinouchi H, Katsuyama N. Control of Fusarium crown and root rot of tomato in a soil system by combination of a plant growth-promoting fungus, Fusarium equiseti, and biode-

[7] Rayorath P, Jithesh M N, Farid A, et al. Rapid bioassays to evaluate the plant growth promoting activity of *Ascophyllum nodosum* (L.) Le Jol. using a model plant, *Arabidopsis thaliana* (L.) Heynh [J]. Journal of Applied Phycology, 2008, 20 (4): 423-429.

[8] Calvo P, Nelson L, Kloepper J W. Agricultural uses of plantbiostimulants [J]. Plant and Soil, 2014, 383 (1-2): 3-41.

[9] Ertani A, Pizzeghello D. Biological activity of vegetal extracts containing phenols on plantmetabolism [J]. Molecules, 2016, 21 (2): 1-14.

[10] 杨正涛, 辛淑荣, 王兴杰, 等. 甲壳素类肥料的应用研究进展 [J]. 中国农业科技导报, 2018, 20 (1): 130-136.

[11] Jung S C, Martinez-Medina A, Lopez-Raez J A, et al. Mycorrhiza-induced resistance and priming of plantdefenses [J]. Journal of Chemical Ecology, 2012, 38 (6): 651-664.

[12] 杨婷, 呼健洋, 林斌, 等. 复合微生物菌剂对生菜根结线虫田间防治效果 [J]. 中国生物防治学报, 2017, 33 (6): 826-832.

[13] Philippot L, Raaijmakers J M, Lemanceau P, et al. Going back to the roots: the microbial ecology of therhizosphere [J]. Nature Reviews Microbiology, 2013, 11 (11): 789-799.

[14] Ugena L, Hylova A, Podlesakova K, et al. Characterization of biostimulant mode of action using novel multi-trait high-throughput screening of Arabidopsis germination and rosette growth [J]. Frontiers in Plant Science, 2018, 9: 13-27.

[15] Povero G, Mejia J F, Di Tommaso D, et al. A systematic approach to discover and characterize natural plantbiostimulants [J]. Frontiers in Plant Science, 2016, 7: 435.

[16] 王思怿, 商照聪, 于秀华. 生物刺激素的研究进展及相关欧盟管理制度解析 [J]. 化肥工业, 2019 (2): 1-4.

[17] 白由路. 植物生物刺激素 [M]. 北京: 中国农业科学技术出版社, 2017: 8-9.

第 2 章 生物活性化合物及生物刺激素活性评价

2.1 简介

生物刺激素产品的实际成分是非常复杂的（因为它们源自天然物质），能够触发细胞多样化的生理反应。这使得对生物刺激素作用的分子和生理机制的表征分析极具挑战性。此外，由于植物生物刺激素包括无机、有机成分或微生物等多种类型的产品，所需的验证数据应根据生物刺激素的性质而调整。鉴于生物刺激素的概念相对较新，目前主要根据其活性来定义，但对其活性成分尚未有明确的定义，这导致监管需求和市场监管的目的在试验设计上存在差异。因此，需要引入一个关于研究有效成分、作用模式的新方法，来解决这一差异。

2.2 活性组分

在欧洲与北美现行的几项法规中，"物质"一词被用于描述生物刺激素产品，这一术语较为模糊，常以"物质""微生物"及其组合来表示。在这个框架概念下，可以将此类物质与肥料或植物保护产品归为同类，即指自然存在或通过制造过程获得的化学元素或化合物。这些物质可以分为以下几类。

（1）合成物质：通过化学反应产生的物质，可以确定性质与剂量。

(2) 天然或植物物质：在自然界中自发产生，可以经过加工处理，包括水溶解或提取（可能伴随加热）、蒸馏或浓缩。

(3) 微生物：通过定性鉴定的菌株，由一系列连续培养的传代形成的。

该类产品不仅需要鉴定和表征产品特性，还要确定相关的理化性质、可能存在的污染物、制造过程、质量控制以及相关分析方法。尽管需明确生物刺激素的有效成分，但在天然物质存在的情况下，有效物质的确定可能存在困难，需要更多的分析表征。在某些情况下，可能存在多个成分协同作用于植物产生生物刺激效果。目前，已确定一些化学物质或微生物能在生物刺激效果中起关键作用，包括腐殖质物质（HS）、蛋白质水解物（PH）、海藻提取物（SE）和壳聚糖（CH），以及其他被归类为生物刺激素化合物的化学物质。

腐殖酸物质（HS）是土壤有机物的组成部分，由植物、动物和微生物残体经微生物分解产生。HS 结构复杂，被认为是异质化合物的超分子组合物，是一类小分子的自组装超分子组合物，其结构主要是由于弱疏水相互作用而组装构成。传统上，HS 根据在不同 pH 值下的溶解度进行分类。在 HS 中，富里酸是由富含酸基的小分子组成的羟基化合物，在任何 pH 值下均溶解；而腐殖酸由疏水化合物如聚甲基链、脂肪酸和类固醇化合物组成。与富里酸不同，腐殖酸只在中性或碱性 pH 条件下稳定，通过疏水分散力保持溶解状态。由于分子间氢键的逐渐形成，腐殖酸在较低 pH 值下会聚集，形成腐殖物质絮凝。这种超分子化合物的胶体性质显示出复杂的关联/解离动力过程，这与土壤特性和根系分泌物在根际的相互作用密切相关。因此，HS 的化学多样性在很大程度上取决于来源、土壤气候条件、与植物的相互作用以及在土壤中的停留时间[1]。

蛋白质水解物（PH）是由植物或动物来源的蛋白质经化学或酶解水解得到的游离氨基酸和肽的混合物。蛋白质的化学水解通常是在高温高压、强酸或强碱条件下进行的。这种强酸碱条件导致高度水解，相应的产物中游离氨基酸的含量较高，而不是肽。此外，化学水解会导致多种氨基酸的破坏（色氨酸经过酸性水解完全降解；半胱氨酸、丝氨酸和苏氨酸发生半降解；天门冬氨酸和谷氨酰胺转化为酸性形式），以及氨基酸的旋光异构化。然而，与植物来源蛋白的化学水解相比，动物来源的蛋白质酶解较为温和，通常靶向特定的肽键且无需高温。因此，酶解水解的PH通常是不同长度氨基酸和肽的混合物，根据使用的条件而异。除PH外，其他含氮分子如甜菜碱和多胺的生物活性在一定程度上也存在争议。在甜菜碱中，甘氨酸甜菜碱（三甲基甘氨酸）是一种被广泛认可的应激调节化合物，已在PH中被发现可能与氨基酸和肽协同作用。

海藻提取物（SE）中多糖是主要成分之一，并被作为生物活性化合物，占干重提取物的30%~40%。褐藻是最常用的海藻，主要包括角毛藻、褐藻和海带。褐藻提取物中最常见的多糖包括褐藻胶、褐藻酸盐、海带多糖和含有葡萄糖胺的富马酸。红藻则富含卡拉胶。不同收获季节、提取条件和海藻物种决定了提取多糖的差异。富马酸多糖是一类具有不同分支度、甲基化或硫酸化程度的富马酸聚合物。海带多糖是带有6-O分支和β-(1,6)链内连接的β-(1,3)连接葡萄糖聚合物。卡拉胶是由多聚半乳糖和3,6-脱水半乳糖组成的高分子量线性多糖，其中既有磺酸化的也有非磺酸化的，通过α-(1,3)和β-(1,4)糖苷键连接。海藻还富含酚类化合物，如褐藻酸（富马酸的复合聚合物），这类化合物在结构中具有更多的苯环，因此具有自由基清除活性。海藻提取物同样包含多种植物激素（包括生长素、细胞分裂素、赤霉素、脱落酸和油菜素内酯类物质）、多元醇甘露醇和多种甜菜碱及其类似物。在泡叶藻中，主要的甜菜碱成分包括γ-氨基丁酸甜菜碱（ABAB）、甘氨酸甜菜碱、δ-氨基戊酸甜菜碱和海藻碱。另一类广泛应用的生物刺激素是壳聚糖，它是葡萄糖胺和N-乙酰葡萄糖胺的共聚物，其聚合物链中每个单体的比例不同。壳聚糖分子中的单糖残基通过

β-(1,4) 糖苷键相互连接。然而，壳聚糖通常由 95% 以上的 N-乙酰葡萄糖胺组成。其物理化学性质和生物活性可因聚合度和脱乙酰度的不同存在明显差异。通常采用 NaOH 处理来调节脱乙酰度，而化学和/或酶处理则用于调整聚合度。

无机化合物也存在另一类生物刺激素，如硅酸盐和碳酸盐，除提供养分外还起着不同的作用，主要以单硅酸（H_4SiO_4）的形式存在于土壤溶液中。当硅酸溶解度过饱和时，例如在蒸发蒸腾过程中，会发生胶体硅酸的沉淀，转化为非晶态二氧化硅（$SiO_2 \cdot nH_2O$）。

2.3 作用模式

明确区分生物刺激素的"作用方式"和"效果"十分重要。前者指的是与生化（化学或酶促）、物理或细胞现象相关的生物活性；后者则是给定作用方式的经过验证的结果。通常可以假设特定效果让用户进行验证。总体而言，植物生物刺激素相关的效果与其定义密切相关，通常包括：增加产量（生物量、果实）或产品质量；提高养分利用效率；增强植物生理代谢（激素效应和光合效率）；提高抗逆境胁迫能力（盐分、干旱、温度）。

在农学和植物科学领域，一些效果已被确立为科学概念，如产量和养分利用效率等。后者指的是养分的可利用性、吸收、运输及同化过程。其他一些概念则较为模糊，仍需要明确定义。例如，"农产品质量"通常指所需的特征或属性，这个概念很广泛，包括功能质量（如对人体健康的益处）、感官质量（即感官特性）、内在质量（如采后耐储性）和环境质量（如提升耕地的可持续性）。值得注意的是，评估水果质量的改善非常复杂并且涉及多种因素。如蛋白质水解物中的氨基酸含有特殊香气（如丙氨酸、亮氨酸、异亮氨酸、缬氨酸）、特殊颜色（如苯丙氨酸参与花青素合成）和味道（如精氨酸、丙氨酸、甘氨酸和脯氨酸）的生物合成前体。生物刺激素通常是不同生物活性物质的混合物，可能以协同的方式发挥作用，这增加了确定其作用方式的难度，使得植物对生物刺激素的反应过程变得复杂。以往对植物生物刺激素应用效果的研究往往存在较多的争议，主要是因为很少有研究深入探讨活性物质的鉴定和作用方式。此外，研究条件多为理想状态，难以代表实际开放环境，且多采用模式植物而非作物，因此，需要开展专门的现场试验以明确生物刺激素的作用方式和效果。这些试验应根据生产厂家提供的使用方法进行，包括多地点和多年的实验设计（如在至少2个作物周期内至少3~4个点进行）；对施用的最适宜剂量和时间的确定；剂量-反应效果的评估；在最佳种植条件或胁迫条件下进行的测试。

鉴于作物产量提高的可靠评估难度较大，应采用统一的统计方法。生物刺激素通常在胁迫条件下能降低作物产量损失，而不是在最佳条件下提高产量。在设计试验时，应充分考虑相关因素。另一种替代方案是使用植物表型分析法进行评估，植物表型分析是通过使用光学传感器对植物的形态和生化特性进行定量描述，通过图像分析植物性状高通量表征。植物表型分析可以使用多光谱图像分析、热图分析、反射和荧光分析来监测植物生长状态、形态及各项参数。通过使用自动化设施，高通量测试能够实现对数百个植物样品的日常比较。实际上，植物单个细胞含有超过 200 000 种不同的代谢物，且代谢过程非常复杂，因此阐明特定化合物或蛋白质功能十分困难。针对细胞功能不同层次上复杂分子间的相互作用和调控，可以利用组学科学进行研究，包括基因组学、转录组学、蛋白质组学和代谢组学。组学科学的非定向性、整体性和无假设驱动的特性可以提供大量信息（即大数据），通过多变量统计学分析揭示植物对生物刺激素反应的分子机制。利用系统生物学方法将不同组学的输出整合到生物系统中，提供分子过程的计算分析和建模，其过程十分复杂。

2.4 组学方法

组学方法是对一组基因、蛋白质、代谢产物或生物表型参数的全面评估，通过对数据收集的整体分析，确定复杂的植物系统功能[2]。近年来，随着第二、三代核酸测序技术以及第二代多肽测序平台等新技术的发展，结合生物信息学和统计学方法的发展，组学科学应运而生。从广义角度来看，主要组学领域包括基因组学、转录组学、蛋白质组学和代谢组学，更具体的亚组学则包括转座组学、糖组学和脂质组学[3]。通过组学数据明确进化关系，识别关键基因，并阐明重要农艺性状（如产量和对非生物及生物胁迫的耐受力）的分子基础[3]。组学策略已成为解释植物对生物刺激素应用反应的有力工具，特别是对基因组和转录组的研究，即细胞或生物体的总 DNA 和总 RNA 的研究。微阵列分析表明，海藻提取物处理的甘蓝型油菜（Brassica napus）中一个质体分裂调控因子参与激活植物响应[4]。此外，施用腐殖酸后，植物中涉及胁迫反应和衰老的基因表达出现差异。Ertani 等[5]利用 CDNA 微阵列技术更准确地评估了紫花苜蓿源 PH 对番茄植株的响应，发现 PH 与参与碳氮代谢或光合作用等必要过程的基因超表达之间存在相关性，其过程涉及苯酚和萜类相关基因的表达。Wilson 等[6]研究认为，使用明胶处理的黄瓜种子可以促进植株的生长，通过 mRNA 测序可以明确明胶能够提高相关基因的表达水平。植物基因组和转录组的研究对于了解植物在胁迫条件或生物刺激素作用下的行为至关重要，而蛋白质参与植物反应有助于拓宽分子水平上的生物过程认知。蛋白质组学是研究包含在组织、细胞或亚细胞室中的蛋白质组，在植物生存和适应外部胁迫中起着至关重要的作用。尽管还需要更多的研究来深入解析蛋白质对生物刺激素反应的过程，但在蛋白质组水平已经研究了海藻提取物、真菌提取物或氨基酸及产品在小麦作物上的应用，揭示了真菌和海洋生物刺激素反应机制在植物储存、调节和防御相关蛋白质中的意义。Martínez Esteso 等[7]研究认为，CO_2 固定蛋白合成和氧化应激蛋白的变化是影响小麦产量增加的主要因素。

虽然基因组学和蛋白质组学是了解植物生理和生物活动的重要工具，但植物代谢组学作为一种更接近表型的方法，更适合于环境和生态相互作用的研究。代谢组学能够全面分析代谢物，并比较植物在正常和应激条件下的代谢行为，利用代谢组学的非靶向方法研究 PH，可以揭示其作用模式。例如，在胁迫条件下，植物 PH 应用于生菜会引起氧化应激、渗透调节、激素和次生代谢产物的变化。同样，无论是否存在非生物胁迫，番茄应用蛋白质水解物后也表现出代谢/蛋白质组学的重组。通过对不同产品的生物刺激素进行测试，研究生物聚合物在甜瓜中的代谢谱变化，以突出其作用模式[8]。此外，代谢组学还被应用于植物的功能和营养特性、食品质量或可追溯性等方面的研究。除了实验室内的组学分析外，植物表型分析在近年来也得到了广泛应用。利用植物表型平台，结合传感器技术，可以非侵入性地测量植物表型相关的多个性状，这些平台既可以在室内使用，也可以在室外使用（如测量冠层）。使用生长室可以在控制温度、光/暗循环和光合有效辐射（PAR）光强度的条件下进行试验，当试验中包括其他因素（如施用时间和剂量、有无胁迫等）时，获取的数据量取决于自动化水平和平台能力。表型平台比生长室更大，可以整合浇水和称重功能，甚至控制营养物质输送给植物。鉴于植物表型是一个复杂的基因组-环境-管理相互作用的结果，该方法已成功地应用于研究或验证生物刺激素的活性。通常使用红、绿、蓝（RGB）相机对植物发育过程进行图像分析，而不是对整个冠层进行图像分析，而专用相机则用于研究叶绿素荧光等特定参数。通过对形态测量参数的连续收集，分析计算萌发率，推断预计冠层高度，表型分析已成功应用于研究不同植物的干旱耐受性或其他非生物胁迫条件下的表现。最近，基于表型学的研究已成功筛选出了潜在的生物刺激素。近期，科学家提出了一种综合多种组学的方法，应用于生物刺激素的研究，将表型组学数据与其他组学数据进行整合分析，从而探索植物对生物刺激素应用响应的分子、生化和/或生理机制相关的关键过程。

2.5 激素活性和体外测定

近年来，生物刺激素产品的特性引起越来越多的关注。生物刺激素通过与多种生化机制和生理过程相互作用，影响植物的代谢活动，从而促进植物生长，并增强植物对养分的吸收能力。在实验室和田间试验中，生物刺激素对植物产生多重有益作用，包括增加植株高度、地上部和根的鲜重与干重、叶片叶绿素浓度、侧根数量以及许多其他指标。生物刺激素具有类激素的活性，这一特性涉及调节植物生理生化过程，不仅与检测到的生长素（IAA）数量相关，还与多种化合物（如酚或氨基酸）的存在有关。

海藻生物刺激素能够提高作物品质、产量和抗旱性，主要成分包括植物生长调节剂、渗透剂（如甜菜碱）、氨基酸和其他化合物。这些化合物的作用可以通过生物测定来评估，而含量与种类可通过气相色谱-质谱学和核磁共振技术来确定。生物刺激素类活性的测定是揭示其作用机制及可能引起的植物生理过程的关键步骤。生物测定通过使用对部分或整个植物体评估物质诱导作用，将其归类为能够引起类似反应的化合物类别。当某种化合物的诱导作用与激素诱导的作用相当时，即可明确该物质具有类似激素的活性。通过这种方法可以比较不同来源和化学特性的物质所引起的激素效应。尽管生长素信号的转导途径尚未完全阐明，但已确认的是，由外质体酸化引起的细胞壁重组过程能够导致细胞发生肿胀。赤霉素参与调控植物各个生长发育阶段的许多生理过程，涵盖了从促进种子萌发到果实成熟。然而，多数研究认为赤霉素与茎生长过程有关。多年来，包括腐殖质、藻类提取物和蛋白质水解物等多种产品都已通过生物测定。Rayorath 等[9]建议使用生物测定法来检测海藻提取物及其不同组分的生物活性,而拟南芥因其植株个体小、易生长、生命周期短、基因组小且遗传信息丰富等优点,成为理想的试验材料。生物测试包括拟南芥根尖伸长测定、水培生长测定和温室生长测定。根系伸长试验虽然适用于盐胁迫评估,但在干旱条件下,这不是一个理想的测试方法。温室试验可用于测定植物生物量生长的相关参数,如鲜重和干重。Zandonadi 等[10]提出了另一种生物测定方法,将质子泵活性作为生物刺激素活性的标志,液泡膜和质膜中的质子泵在植物细胞体系中调节电化学梯度、促进营养吸收。研究采用 pH 敏感染料,并以 Micro-Tom 番茄作为模式植物,通过观察其根系酸化过程,有效评估了腐殖质物质的效用。测试结果表明,腐殖质物质可以改善番茄营养获取和根系生长,同时还发现质膜质子-腺苷三磷酸酶(H^+-ATPase)的激活与根际酸化量之间存在直接的关联性。使用生物试验可以证明生物刺激素的激素活性,通过检测豆瓣菜(*Lepidium sativa* L.)根系生长的抑制和莴苣(*Lactuca sativa* L.)上胚轴长度的增加来评估其类生长素(IAA)和类赤霉素(GA)活性。这两种生物测定方法应用于多种来自不同基质的生物刺激素评估,如苜蓿植物源和动物源皮革的水解蛋白或畜禽粪便堆肥物。研究结果显示,某些生物刺激素具有赤霉素和生长素活性,可能与相关微生物代谢过程有关。通过完全控制动物源皮革酶解得到的产品既能产生高的类赤霉素的活性,也能产生弱类生长素的活性。

细胞分裂素(Cytokinins,CK)在植物发育和形态发生过程中起着重要的作用,参与细胞分裂、顶端优势调控、侧枝生长及组织培养中的根冠比调节。通过对比异丙醇(IPA)处理后的萝卜子叶细胞分裂素含量变化,可以评估生物刺激素中的细胞分裂素活性。Pizzeghello 等[11]使用这种生物测定法检测了从木质素腐殖质、风化褐煤和蚯蚓粪便中提取的腐殖质物质的细胞分裂素活性。结果表明,随着 IPA 和 HS 剂量的增加,萝卜子叶的重量呈现出显著的正相关。由于存在不同的技术和生物测定方法来表征生物刺激素,但必须强调的是，生物刺激素基质和配方的差异性和复杂性使其难以量化。不同的生物测定方法可作为评价不同化合物生物刺激素活性的一种有效而灵敏的方法，但测试要与受控条件和田间的试验相结合。

参考文献

[1] Rouphael Y, du Jardin P, Brown P, et al. Biostimulants for sustainable cropproduction [D]. Dublin: Deanta Global Publishing Services, 2020.

[2] Gemperline E, Keller C, Li L. Mass spectrometry in plant-omics [J]. Analytical Chemistry, 2016, 88 (7): 3422-3434.

[3] Hakeem K R, Tombuloğlu H, Tombuloğlu G. Plant omics: trends and applications [M]. Basel: Springer, 2016.

[4] Jannin L, Arkoun M, Etienne P, et al. Brassica napus growth is promoted by *Ascophyllum nodosum* (L.) Le Jol. seaweed extract: microarray analysis and physiological characterization of N, C, and S metabolisms [J]. Journal of Plant Growth Regulation, 2013, 32 (1): 31-52.

[5] Ertani A, Schiavon M, Nardi S. Transcriptome-wide identification of differentially expressed genes in Solanum lycopersicon L. in response to an alfalfaprotein hydrolysate using microarrays [J]. Frontiers in Plant Science, 2017, 8: 1159.

[6] Wilson H T, Xu K, Taylor A G. Transcriptome analysis of gelatin seed treatment as a biostimulant of cucumber plantgrowth [J]. The Scientific World Journal, 2015: 1-14.

[7] Martínez Esteso M J, Vilella-antón M, Sellés-Marchart S, et al. A DIGE proteomic analysis of wheat flag leaf treated with TERRA-SORB Ⓡ foliar, a free amino acid high contentbiostimu-

lant [J]. Journal of Integrated OMICS, 2016, 6 (1): 9-17.

[8] Lucini L, Rouphael Y, Cardarelli M, et al. A vegetal biopolymer-based biostimulant promoted root growth in melon while triggering brassinosteroids and stress - relatedcompounds [J]. Frontiers in Plant Science, 2018, 9: 472.

[9] Rayorath P, Khan W, Palanisamy R, et al. Extracts of the brown seaweed Ascophyllum nodosum induce gibberellic acid (GA3) -independent amylase activity in barley [J]. Journal of Plant Growth Regulation, 2008, 27 (4): 370-379.

[10] Zandonadi D B, Santos M P, Caixeta L S, et al. Plant proton pumps as markers of biostimulant action [J]. Scientia Agricola, 2016, 73 (1): 24-28.

[11] Pizzeghello D, Francioso O, Ertani A, et al. Isopentenyladenosine and cytokinin-like activity of four humic substances [J]. Journal of Geochemical Exploration, 2013, 129: 70-75.

第3章 腐殖酸类物质（HA）在农业中的应用

3.1 简介

腐殖酸是一类天然无定形大分子有机混合物，广泛存在于土壤与水体中。腐殖酸类物质结构各异、官能团众多、分子量大、分布广泛，使其具有溶解性、酸性、离子交换性、络合性等丰富的理化性质。作为绿色、环保的资源，腐殖酸广泛应用于农业生产、环境保护和医药等重要领域[1]。腐殖酸是动植物遗骸经过微生物及化学物理作用形成的一类高分子有机聚合物，主要包含C、H、O、N等元素。腐殖酸由于结构复杂、组成多样、提取方式不同，对其结构很难准确表征。其核心结构是芳香环，主要由脂肪碳、羧基碳和羰基碳等构成。目前典型的结构有Stevenson和Jansen提出的腐殖酸模型[2]。

3.1.1 腐殖酸的分类

按来源分类，腐殖酸可分为天然腐殖酸和人工合成腐殖酸2大类。天然腐殖酸存在于自然界中的天然物质。天然腐殖酸又可分为煤炭腐殖酸、土壤腐殖酸和水体腐殖酸3类。煤炭腐殖酸主要来源于风化煤、褐煤和泥炭等，颜色较深，整体呈现酸性；土壤腐殖酸主要来源于土壤，通过吸附作用与金属离子形成络合物，促进生成土壤团聚体，改良土壤结构；水体腐殖酸存在于自然界中的河流、湖泊等水体中，具有较强的迁移性和反应活性，不利于水体微生物平衡。人工合成腐殖酸可理解为再生腐殖酸,是通过化学方法、生物化学方法或其他方法合成的腐殖酸。

按照生成方式,腐殖酸可分为原生腐殖酸和再生腐殖酸2种。原生腐殖酸可理解为天然腐殖酸,是天然物质化学成分中的腐殖酸。原生腐殖酸一般存在于自然界腐烂的动植物中。土壤、褐煤中的原生腐殖酸就是动植物残骸在微生物作用下通过复杂的变化而生成的。再生腐殖酸是从低阶煤中通过自然风化或人工氧化方法生成的腐殖酸。

一般按照在酸碱浸提剂中的溶解度和颜色不同,腐殖酸还可分为黄腐酸、棕腐酸和黑腐酸3种。黄腐酸分子量较小,因其分子中含有较多的活性官能团,易溶于酸性、碱性溶液、水及有机溶剂,与其他腐殖酸相比,其阳离子交换能力、螯合力均增强,生理活性大,溶液呈黄色;棕腐酸(胡敏酸)不溶于水和酸性溶液,只溶于碱性有机溶液和乙醇,在溶液中,棕腐酸表现为带负电荷的亲水胶体,溶液呈棕色;黑腐酸不溶于酸性溶液和一般有机溶液,溶解度较小,仅溶于碱和碱性有机溶液,溶液呈黑色。

腐殖酸常分为2种不同的天然状态,分别是结合态和游离态。结合腐殖酸是酸性基团中的羧基氢被钙、镁等多价阳离子取代的腐殖酸,其生物活性较低,一般很难直接利用。游离腐殖酸是煤炭原料中可以直接提取的腐殖酸,其酸性基团保持游离状态,可用氢氧化钠直接提取。一般来说,游离腐殖酸具有较好的解磷、固氮、释钾等多种功能[1]。通常用游离腐殖酸含量的高低来评价腐殖酸质量的好坏。研究表明,通过接种菌剂堆肥可提升腐殖酸的活性、质量及含量。

3.1.2 腐殖酸的特性

腐殖酸结构较为复杂,其性质常因其来源、组分、分子量的不同而发生相应变化,目前已知腐殖酸具有酸性、亲水性、表面活性、离子交换性等特性。腐殖酸的种类较为丰富,大多分布于土壤中，既能给予植物所需的营养物质，还能改良土壤环境，提高土壤肥力。

部分中性及碱性溶剂可以溶解腐殖酸，作为腐殖酸的浸提剂。在碱性溶剂中，腐殖酸的酚羟基和羧基发生去质子化，酸性逐渐增加后，酸性基团发生质子化，使得腐殖酸分子不带电荷，不发生排斥作用。在这个变化过程中，羧基、羟基的作用导致腐殖酸呈现一种拉伸结构，称为类胶束结构，在这种结构中疏水基团大都分布在分子内部，而亲水基团位于分子表面，可与溶剂进行接触。因此腐殖酸可溶于大部分中性和碱性溶剂。类胶束结构中碳数增加，会使得疏水腔更加紧密，更易溶解。

腐殖酸是至少具有 2 种酸性基团（羟基、羧基）的多元酸。研究表明，腐殖酸可降低土壤的碱性，调节土壤 pH 值。这是因为腐殖酸作为一种酸性有机胶体，可通过酸碱中和反应形成腐殖酸-腐殖酸盐缓冲体系，调节土壤的酸碱性，缓冲土壤的 pH 值变化。也有研究认为，含有腐殖酸的土壤改良剂相较于其他土壤改良剂效果更好，这是由于腐殖酸作为酸性有机物质，降低了土壤中的 Na^+、Cl^- 的含量，进而降低了土壤总碱度。

腐殖酸的羧基等官能团可以被碱金属离子置换而生成弱酸盐，腐殖酸可通过以上这种形成离子键或配位化合物的方式与金属离子相互作用。腐殖酸分子中的羟基、酚羟基和羧基等活性氢离子，可与金属离子、矿物质发生离子交换作用。随着腐殖酸分子量的变化，腐殖酸和金属离子之间的结合能力也会随之发生变化。分子量越低，活性氢离子越多，越易与金属离子和矿物质反应。在水溶液中，腐殖酸带负电，在中性 pH 条件下，其多孔结构使得其比表面积较大，易于附着在悬浮物表面，增强颗粒物稳定性、负电性和分散性，促进与水中大多数离子的交换[3]。

腐殖酸分子中含有大量的官能团，能够作为微量金属的载体，形成络合物。腐殖酸的络合作用能迁移金属离子，其原理即电荷中和，电荷量越大，阳离子越容易形成胶束结构。腐殖酸与金属阳离子结合形成的络合物具有多种功能，可将营养物质从土壤输送至植物，增加金属纳米粒子的稳定性，降低水体和土壤中的重金属污染程度等。此外，形成的络合物在降低土壤中游离离子浓度的同时，还能在一定程度上缓释土壤的肥力，如腐殖酸与铵离子交换形成腐殖酸铵，可以增加土壤氮含量，减少氨气挥发，保持土壤肥力。腐殖酸通过静电作用和络合反应影响金属离子的吸附与解吸。

腐殖酸的氧化还原性主要由氧化还原官能团的分布以及氧化还原电位范围所决定，主要的氧化还原官能团为醌官能团。腐殖酸中的还原性功能团，如羟基、醛基等，能够与变价金属发生氧化还原反应。由于腐殖酸的结构复杂，其官能团的组成、位置、分布都会影响腐殖酸的氧化还原电位。在腐殖酸形成阶段，随着发酵的进行，木质纤维素降解形成腐殖酸，同时大量脂肪族官能团被降解，而羧酸类、醛、酮及苯环官能团增加，腐殖酸中氧化还原活性官能团含量也大大增加，因此腐殖酸的氧化还原能力增强。但腐殖酸通过得失电子进行氧化和还原反应会造成部分氧化还原活性官能团降解，促使大分子腐殖酸被降解和转化为小分子有机物[4]。

3.2 腐殖酸肥料在促进作物增产上的应用

3.2.1 刺激植物生长发育

腐殖酸含有大量的羧酸根、C=C 双键、氢键缔合羰基 —C=O—、—NO$_2$、C—O 等亲水基团，有利于植物水分吸收，从而有效促进植物种子萌发及幼苗生长。腐殖酸对植物生长的刺激作用分为两个方面[5]。一方面，腐殖酸对根系的生长发育过程具有较好的调控效应，腐殖酸中分子量相对较小的组分，容易穿透种皮细胞膜进入种皮及根毛内部细胞，促进根尖细胞体积变大，促进种子及根毛营养吸收，提高了植株内部的渗透压，有利于养分的吸收，提高了植株内的氧化酶活力和新陈代谢功能，促进根系生长，从而促进植株的生长发育。腐殖酸能通过刺激根毛细胞的负调控因子，使其表达量降低，促使根形态重塑，增加根系面积，促进植物对营养物质的吸收利用，从而达到促进生长的效果。研究表明，不同浓度与分子量的腐殖酸组分对小麦幼苗和油菜根系均具有促进作用。其中，在营养液培养条件下，30 000 Da 以下的低分子量腐殖酸组分对小麦幼苗根长的促进作用最佳，特别是浓度为 150 mg/L 的腐殖酸分级液对小麦幼苗根系的促进效果最好。而在盆栽条件下，10 000 Da 以下的低分子量腐殖酸组分对油菜根系的促进效果最佳，以 100 mg/L 的腐殖酸分级液对油菜根系的促进效果最好。实验证明，施加低分子量腐殖酸组分能促进小麦幼苗和油菜根系生长，有利于养分吸收，增加干物质积累，进而提高产量。有研究表明腐殖酸肥料的单侧刺激对玉米根系生长具有显著影响，分根单侧施用腐殖酸肥料可增加玉米根鲜重、根干重、根系活力和根系 TTC 还原总量，且施用腐殖酸肥料一侧的作用效果优于未施用侧。此外，施用腐殖酸肥料能够有效增加玉米根系酯类化合物、蛋白质、氨基酸类物质、核酸、纤维素和多糖的含量，也能更有利于玉米根系碳水化合物的积累。另一方面，腐殖酸肥料对植物地上部分的生长具有一定的刺激作用，能够促进植物营养生长，增强光合能力。在玉米栽培研究中发现，施用腐殖酸有利于玉米的生长，适量的腐殖酸对于玉米植株的增高、茎秆的增粗有更好的促进效果，腐殖酸处理下玉米植株长势更好。同时，在盐胁迫下，配施腐殖酸能显著提高棉花幼苗地上部和地下部的鲜、干物质量，其中控释尿素配施腐殖酸处理较其他处理的棉花地上部鲜、干物质量分别提高 13.46%~69.46% 和 12.64%~82.23%，差异显著。康国通[6]在研究腐殖酸水溶肥料对黄瓜生长发育的影响中发现，使用腐殖酸水溶肥料处理后，黄瓜的叶绿素含量、叶片长、叶片宽、茎粗均得到显著提升。其中，腐殖酸水溶肥料每亩用 1.0 L 处理的使用效果最优，黄瓜叶绿素含量提高了 7.25%，叶片长和叶片宽分别增加了 9.96% 和 8.46%，茎粗增加了 6.73%。

3.2.2 增强抗逆性能

植物在自然环境下生存，难免会遭到恶劣环境的伤害，通常我们把这些不利于植物生长的环境称为逆境，而植物具备抵抗逆境的能力称为抗逆性。提高植物抗氧化酶系活性及渗透调节物质含量是增强作物抗逆性的重要途径，但不同作物在受到胁迫时的抗逆机制存在一定差异。低浓度的腐殖酸主要影响植株的抗氧化性，而高浓度腐殖酸对植株的抗氧化性影响不明显，甚至加剧根系的渗透胁迫，但促进了植株的生长，尤其是根系的发育。其中，0.6%浓度的腐殖酸浸种8 h对于加快低温胁迫下菜豆快速生长，提高其耐低温能力具有明显效果。有研究表明，腐殖酸可缓解干旱胁迫对燕麦光合系统Ⅱ（PSⅡ）光反应系统产生的伤害。关于腐殖酸缓解谷子干旱胁迫的研究表明，腐殖酸主要通过保持植物体内水分含量及提高PSⅡ和光合系统Ⅰ（PSⅠ）的实际光化学速率来促进光合作用，诱导产生渗透调节物质，提高抗氧化系统的作用，以提高谷子抗旱性，降低干旱对质膜的损伤，从而有效缓解干旱胁迫对谷子的伤害。腐殖酸含活性基团较多，盐基交换容量大，能够吸附和阻隔土壤可溶性盐中较大数量的有害阳离子，从而有效降低土壤盐浓度和酸碱度，提高植物的抗盐碱性[7]。有研究表明，盐胁迫几乎对所有草莓的营养性状产生了不利影响。在盐胁迫条件下，草莓的茎和根中Na^+积累增多，而K^+含量降低；盐胁迫还增加了叶片坏死面积，伴随着抗氧化酶、过氧化氢、脂质过氧化物、脯氨酸和总可溶性碳水化合物活性的提升；盐胁迫还对叶片相对含水量、膜稳定性指数、叶绿素含量、总生物量和产量造成了负面影响。但是，有腐殖酸存在的盐胁迫处理降低了Na^+含量，增加了K^+积累，提高了耐盐指数，减轻了盐胁迫对这些性状的不利影响，因此配施腐殖酸能够提高草莓的抗盐胁迫能力[8]。腐殖酸可以通过增加叶片含糖量及叶绿素含量促进生长，间接提高作物的抗病能力。

3.2.3 增产提质

腐殖酸在促进植物光合作用、提高抗逆性、促进植株生长、提高品质等方面效果显著。在玉米上的应用，施用腐殖酸对玉米株高、百粒重、茎粗和穗粒数都有一定的促进作用，尤其对穗粒数的影响最为显著。可见，施用腐殖酸主要是通过提高玉米穗粒数而提高玉米产量[9]。在小麦上的应用，虽然施用腐殖酸对小麦株高、穗长、穗粒数、千粒重的效果不明显，但总体上仍表现出了一定的增产趋势。在水稻上的应用效果中可知，腐殖酸的施用有提高水稻产量的作用，腐殖酸可以有效促进水稻光合作用，提高水稻每穗粒数、结实率和千粒重，提高水稻抽穗期叶片净光合速率和成熟期穗长、每穗粒数和结实率。在玉米的生长过程中，氮素是一种必要元素，陈秀琼[10]在研究中发现，在常规施肥的基础上施入适量的腐殖酸，能够显著提升玉米对氮肥的利用率，玉米的穗长、穗粗、百粒重、产量均得到显著提高。同样，磷是小麦生长过程中必不可少的元素，磷能够显著提高小麦的有效穗数、穗粒数、千粒重。有研究表明，通过施用腐殖酸含量为5%的磷肥能够提高小麦产量6.3%~17.8%。对于经济作物，范开伦等研究发现，施用腐殖酸有机肥、48%的腐殖酸复合肥替代传统复合肥，能够使试验田棉花每亩产量达到239.40 kg，较传统施肥增产14.77%。井水华等[11]通过研究尿素配施腐殖酸对鲜食型甘薯生长及产量形成的影响中发现，等氮量条件下，施用腐殖酸尿素处理的鲜薯、商品薯产量最高，比普通尿素处理分别提高了3.31%、11.70%。李静等研究发现，腐殖酸用量为30 mg/kg时能促进苗期番茄植株生长，增加根系体积及表面积，促进植株氮磷钾养分吸收，提高可溶性蛋白、可溶性糖及谷氨酰胺合成酶含量，番茄各项指标达到最高值，其中番茄可溶性糖和维生素C分别增加了43.9%和35.4%，产量提高了28.1%。腐殖酸可以促进植株中糖转化酶以及一些与脂肪、蛋白质等合成相关酶的活性，并能够促进转移酶的活性，增加作物的产量。

3.3 腐殖酸肥料在土壤改良上的作用

随着种植业的迅速发展,大量化学肥料的持续应用不仅造成了资源浪费和农业生产成本的增加,还导致土壤板结、土壤酸化、盐碱化加剧及土壤肥力下降等环境问题。根据联合国教科文组织和粮农组织不完全统计,我国约有盐碱地9 913万hm^2。现阶段,土壤盐碱化、水土流失、土壤污染日益严重,加快了我国土壤退化的速度,直接威胁到人们的日常生活。改良治理以及合理开发盐碱地资源,是影响我国粮食安全的重要因素,关系到我国农业的可持续发展,因此改善土壤质量刻不容缓。

3.3.1 改善土壤物理性质

孔性、结构性和耕性是土壤最重要的物理性质,也是土壤肥力的重要指标,关系到土壤中的水、气、热状况和养分的调节。土壤团聚体对于其孔隙大小、锁水能力、渗透能力以及抗腐蚀能力有很大影响,团聚体的稳定性是衡量土壤质量的一个重要指标,大于0.25 mm的团粒结构体是最优质的团聚体,其数量越多,土壤肥力越好。土壤容重关系到土壤质地、土壤有机质含量、土壤结构状况以及耕作栽培管理水平,也是衡量土壤质量的重要参数之一。土壤容重越小,土壤越疏松,通透性越好,越利于耕作。腐殖酸中的羟基、羧基能够和土壤中的钙离子发生反应,通过植物根系的生理作用形成土壤的团粒结构,把松散的土壤颗粒聚集起来,有效地降低了土壤容重,从而增加土壤孔隙度,提高土壤的渗透性。腐殖酸可以促进土壤形成团粒结构,改善盐碱土表层结构,影响盐分上升,起到隔盐效果,增强土壤的保肥供肥能力,减少养分流失,延长土壤供肥的时间。通过改善土壤结构还可增加土壤持水量,提高土壤抗寒能力,使土壤颜色加深,增加其对阳光的吸收,提高地温。陈士更等[13]研究发现，在酸化果园土壤中，连续 2 年施用腐殖酸土壤调理剂能显著降低土壤容重，较未施土壤调理剂处理的土壤容重平均降低了 7.52%，较施用普通土壤调理剂处理平均降低了 3.74%。同时，长期施用腐殖酸会增加土壤毛管孔隙度和土壤饱和导水率，连续施用 2 年腐殖酸土壤调理剂，土壤毛管孔隙度增加 1.74%~3.54%。腐殖酸作为一种储量丰富、绿色高效、性价比高的有机改良材料，在盐碱土、沙地改良中应用广泛。吴佳利通过分析不同用量腐殖酸对黏质盐碱土理化性质和小麦产量的影响，旨在探究施用腐殖酸对田间黏质盐碱土的具体改良效果。通过对黏质盐碱土综合改良效果及小麦产量的分析，腐殖酸的最优施用量确定为 0.4 g/kg。

施用 HA 对退化土壤会产生积极影响，土壤结构的稳定性归因于 HA 在黏土表面较强的吸附性[14]。HA 可以与土壤中的金属阳离子形成螯合物，这些金属阳离子为 HA 和黏土矿物表面之间的桥梁，促进了土壤结构的优化。有研究表明，在退化沙质土中施用膨润土-HA 增加了大团聚体的比例，施用腐殖酸钾增加了酸性和碱性壤土的团聚体稳定性。也有研究指出在沙质粉质壤土上连续施用商业化 HA 5 年后对土壤团聚体稳定性没有显著影响[15]。同样，在经过 2 个玉米生长周期后，施用煤炭 HA 也没有明显提高土壤团聚体的稳定性。在上述试验中，HA 的施用量不足可能是导致对土壤质地和结构影响不明显的主要原因。也可能是由于上述研究中的供试土壤均是中性至碱性土壤，也会对 HA 的分子桥接作用产生负面影响。HA 的来源同样影响土壤质地和结构，因此，对于研究人员而言，测试单一 HA 来源的有效性是非常重要的，而不是将结果外推到其他来源的 HA。HA 也具有提升土壤持水性能力（WHC）的作用，这主要得益于 HA 的亲水特性和对土壤结构的改良。也有报道称，HA 和富里酸（FA）的结合施用有利于形成胶体或腐殖质黏土复合物，从而增加土壤的 WHC。在一项为期 7 年的膨润土-HA 对土壤持水量影响的田间试验中，仅用 30 kg/hm² 的 HA 便能显著提高土壤 WHC，并且在试验进行到第 4 年时就显示出了明显的效果。施用 HA 可以促进植物中的脯氨酸和甜菜碱的积累，这是植物在水分胁迫下的一种适应性反应。

3.3.2 改善土壤化学性质

土壤的化学性质主要包括 pH 值、阳离子交换量、有机质含量、氮磷钾含量等。土壤 pH 值是表征土壤酸碱度最重要的指标，它对土壤微生物生长和繁殖的影响较大，参与有机质分解等各种生化反应，对土壤养分循环和能量流动有重要意义。土壤阳离子交换量是指土壤胶体中所能吸附的各种阳离子的总量，可影响土壤缓冲能力，也是改良土壤和合理施肥的一个重要依据。有机质和氮磷钾含量是土壤肥力的重要指标。腐殖酸可以正反双向调节土壤 pH 值，提高阳离子交换量，活化土壤中的养分离子，提高土壤中有机质含量，使得土壤肥力大大增加。应永庆等通过在水稻上开展腐殖酸 5 个施用量的田间试验，研究其对土壤理化性质的影响。结果表明，施用腐殖酸不仅显著降低了滨海盐土的土壤 pH 值、盐分含量，还能显著增加土壤团聚体含量、饱和含水量和有机质含量，改善土壤肥力。其中，当腐殖酸施用量为 1 200 kg/hm² 时，滨海盐土的土壤降盐、降碱和稻谷增产等效果最好。宋以玲等[16]在研究配施腐殖酸生物有机肥对小麦产量、土壤生物学特性和养分含量的影响中发现，施用该肥料后，土壤有机质含量在拔节期分别显著提高了 17.57% 和 17.09%，成熟期分别显著提高了 31.43% 和 26.12%。张昊等研究发现，在矿区复垦土壤上施用腐殖酸、泥炭等改良剂可显著提高土壤有机碳含量及土壤固碳量，并且随着腐殖酸施用量的增加，土壤固碳速率也随之增加。逐年施用腐殖酸、泥炭等改良剂，矿区复垦区土壤可获得稳定的改良效果。

土壤的保肥能力取决于所能吸附的阳离子数量。HA 可增加土壤的阳离子交换容量（CEC）。HA 在提高 CEC 方面的主要因素包括：①通过为无机胶体提供较大的表面积增加对交换性阳离子的吸附能力；②-COOH 和-OH 基团解离后产生的极性端与阳离子结合，形成复合物；③促进土壤矿物质的溶解，从而为化学反应的发生提供更大的表面积。一项涉及 26 种来源于泥炭和风化煤的 HA 的土壤培养试验显示，所有处理的土壤 CEC 均有所提高，提高幅度为 1%~58%，但试验样品的基础 CEC 与相应改良后的土壤 CEC 增加比例间无明显的线性关系，这表明 HA 的 CEC 并没有直接转化为改良土壤的 CEC，HA 的质量可能对土壤 CEC 的提高有重要影响。

3.3.3　改善土壤生物性质

土壤中微生物含量是土壤生物活性和土壤质量的一个重要指标。腐殖酸对土壤中微生物的活动有促进作用。一方面，土壤自生固氮菌显著增多，使硝酸盐的含量明显增大，丰富了土壤的氮素营养，改善了作物根系的营养条件；另一方面，施用腐殖酸使好气性细菌、放线菌、纤维分解菌的数量增加，有利于加速有机物的矿化，促进营养元素的释放。曾秀君等[17]在研究被铅镉污染的土壤中施用腐殖酸对其微生物活性的影响中发现，由于土壤有机质矿化产物能与土壤胶体表面的活性位点相结合，形成重金属离子交换中心，施用腐殖酸和生物质炭后，土壤对重金属离子的吸附能力大大增加，提高了土壤中有机质含量，促进了微生物的生长和繁殖，改善了土壤质量，使得污染的土壤得到明显改善。土壤酶主要包括脲酶、蔗糖酶、磷酸酶、过氧化氢酶，是土壤组成成分之一，能够参与土壤养分循环，对保持和提高土壤肥力非常重要。有研究表明，腐殖酸能够提高土壤酶活性，使得土壤结构和性能更适宜土壤微生物的繁殖和生长，从而提高土壤有效养分的时效性，改善植物营养。苏初连等[19]在探索腐殖酸调控土壤微生态环境与土壤酶活性及其作用机制中发现，随着腐殖酸用量的增加，蔗糖酶、脲酶、过氧化氢酶和中性磷酸酶的活性均呈现先升高后降低的趋势；同时细菌多样性显著提升，尤其是增加了芽单胞菌门（Gemmatimonadetes)和变形菌门(Proteobacteria)的丰度;减少了酸杆菌门(Acidobacteria)和放线菌门(Actinobacteria)的丰度。

  土壤碳含量可直接指示土壤的健康状况,HA 是短期和长期活性炭的重要碳库。HA 和 FA 组分在自然界中都是可分解的,但分解的速度很慢,因此成为土壤碳的持续供应源。与 FA 相比,HA 含有更多的碳,这说明 HA 的施用可为土壤微生物额外提供更多的维持活性所必需的碳源。施用 HA 后对土壤中碳的供应取决于 HA 分解速率、周转率和在土壤中的存留时间。HA 施入土壤后会进一步转变为小分子组分,而周转率取决于植物和微生物协同影响的初始效应。除了植物和微生物之间的相互作用外,pH 值、水分、氧气和 HA 性质等环境因素也会影响 HA 的分解速率。当前关于 HA 对土壤碳储量的影响已有大量研究。在一项为期 3 个月的使用 ^{13}C 标记技术研究 HA 添加对碳固存影响的土壤培养试验中,发现高达 58% 的添加碳被固持。土壤含碳量的增加与 HA 的化学性质有关,HA 材料的疏水性越强,固碳量就越多。有研究者通过培养试验发现,施用 HA 增加了黏土中有机碳的含量,改善程度取决于其施用量。当前研究多聚焦于 HA 对总碳库的影响,但没有对易分解碳和难降解碳影响的报道。HA 的施用可以增加微生物群落的数量和活性。一项为期 3 年的豌豆连作试验[19]研究了 HA 对土壤中酶活性的影响,结果发现,在温室条件下,植物生长 140 d 后,施用 1 000 kg/hm² 的 HA 显著提高了土壤脲酶、磷酸酶和蔗糖酶活性。同样,在豌豆盆栽试验中,施用 9 000 kg/hm² 富含 HA 的蚯蚓粪,植物生长 12 d 后脲酶活性也显著提高。施用 HA 后微生物数量及 C/N 比的增加是可能导致脲酶活性增加的原因所在。但在土壤培养试验中发现,施用风化煤中提取的 HA 会抑制脲酶活性。这种抑制作用可能归因于 HA 中与酚羟基和羧基官能团结合的酶以及其自身的高分子量特性。此外,HA 对不同土壤类型不同作物体系土壤酶活性的影响仍需要进一步研究。

3.4 影响腐殖酸肥料应用效果的主要因素

3.4.1 HA 来源

HA 对土壤和作物的影响取决于其来源。而 HA 的功效则取决于其营养成分、生产方式、官能团组成和预期用途。对 5 种来源不同的 HA 对作物农艺性状的影响进行分析发现，其效果依次为泥炭>褐煤>土壤>绿色废弃物堆肥>粪便堆肥。不同有机材料提取的 HA 具有不同的生物活性，而且商业化生产的 HA 不如从废弃物中抽提的 HA 更有效，来源于堆肥材料的 HA 能有效改善植物的农艺性状，提高其生理活性。然而，Khan 等[20]却发现，来源于植物和煤炭的 HA 对小麦产量的影响没有显著差异。不同来源的 HA 营养成分和化学结构的差异可能直接影响它们在土壤中的施用效果。García 等[21]发现 Elliot 土壤、泥炭、风化煤中提取的 HA 官能团数量明显不同。Hamad 和 Tantawy（2018）提取了 3 种不同来源的 HA 进行盆栽试验，结果发现，高粱根系和茎秆的生长与不同来源 HA 中存在的芳香族、脂肪族和羧基官能团的数量相关，而且氮的吸收与 HA 的羧基官能团数量呈正相关。然而，当测试不同来源的 HA（如褐煤、土壤、堆肥、风化煤和泥炭）对真菌的影响时，发现其效果与 HA 的高芳香官能团呈负相关，这表明 HA 来源的选择需具有针对性。Laskosky 等[22]用 3 种不同来源、具有不同化学特性的 HA 进行盆栽试验，结果发现，与生物炭相比，N 和 P 初始浓度较高的腐殖质和泥炭来源的 HA 处理大麦植株后，其 N 和 P 的浓度也显著升高。当前在实验室和田间条件下评价和比较不同来源 HA 对作物农艺性状影响的研究还非常有限，值得进一步探讨。

3.4.2 HA 施用量

有研究认为，在存在环境胁迫的条件下，HA 的施用效果是最好的。HA施用量的有效性也取决于其来源和作物类型。在缺水条件下，植物会对水分亏缺做出反应，如导致脯氨酸的产生；而不同HA施用量对谷子产量有显著影响，但增产效应不依赖于HA用量。同样，HA可以提高水分胁迫条件下玉米幼苗的过氧化氢酶活性和脯氨酸含量，但其促进效果并没有表现出与施用量很好的相关性。然而，Lotfi等[23]的研究指出，在缺水条件下，油菜籽中的脯氨酸和过氧化氢酶活性随HA用量的增加而增加。在盐胁迫条件下，HA改善了豆类植物的农艺性状（如株高、叶面积、茎粗、叶绿素含量和产量）和脯氨酸含量。Mohammed等[24]在一项田间试验中发现，在最佳土壤水盐（Na^+、Ca^{2+}和Mg^{2+}）条件下，甜叶菊的生长和农艺性状都得到了改善，且改善程度与HA施用量的增加有关。而Bybordi和Ebrahimian[25]的研究却未发现不同HA施用量对油菜农艺性状的显著影响。营养丰富的HA在施用后对土壤和植物均会产生影响，可能是因为来自HA的营养物质补充到土壤中的结果。Karakurt等[26]发现适量施用HA后能增加辣椒产量，但过量施用与未施用HA的对照处理在产量上无显著差异。HA的施用量取决于环境、土壤条件、来源、成分以及作物类型，因此很难预测其对不同作物的影响。

3.4.3 土壤类型对HA吸附与分解的显著影响

HA在淋溶作用较弱的土壤中存留时间长，更容易发挥作用。沙质土壤质地粗、结构性差，因此施用的养分和其他土壤改良剂不宜保留在土壤中。有利于HA保留在土壤中的黏粒含量在不同土壤类型之间差异较大。不同黏土矿物影响着土壤表面对HA的吸附。高岭土为1∶1型黏土矿物，易与HA发生相互作用，使其附着在黏土矿物表面。高岭土与蒙脱石的物理和化学特性不同，与蒙脱石相比，HA在高岭土表面的吸附量更多。Zhang等的另一项研究评估了HA对3种黏土矿物（高岭土、蒙脱石和伊利石）的影响，发现在HA作用下，蒙脱石的比表面积减小，与其他黏土矿物相比，

CEC 也相对降低，而蒙脱石中的氢键作用增强，从而也增加了对 NH_4^+ 的吸附能力。HA 的施用效果取决于黏土矿物表面的吸附能力，因此，不同地区黏土矿物组分的差异对 HA 的功能、土壤性质及作物性能产生很大影响。例如，Tahir 等[27]发现，相较于钙质土壤，施用 HA 改善了非钙质土壤地区的小麦农艺性状。Khan 等[20]发现，与沙壤土相比，黏壤土上的小麦穗重和籽粒产量更高。Nardi 等[28]研究表明，施用 HA 后，不同土壤中的玉米对硝态氮和铵态氮吸收以及氮代谢的影响不同。虽然 Rose 等[29]认为土壤类型对 HA 性能的影响很小，但他们的样本量过小，不具有代表性。

3.4.4　HA 的溶解度

HA 的溶解度取决于介质的 pH 值，其在水和碱性介质中能够部分溶解，但在极低 pH 值条件下会沉淀。有研究表明，碱提取 HA 会改变其结构，因此认为其不适用于研究，但 Olk 等[30]却持相反观点。HA 可与土壤阳离子相互作用形成复合物，这些复合物的溶解度影响了阳离子的释放和植物有效性。因此，HA 在水、酸、碱中的溶解度会影响其对植物的作用效果。Pinton 等[31]发现水溶性 HA 通过激活根细胞质膜上的 H^+-ATP 酶来促进植物对硝酸盐的吸收。用硝酸盐和水提取的 HA 处理玉米根系，显著提高了硝酸盐同化酶的活性，促进了硝酸盐的吸收。Savy 等[32]研究发现，因酚羟基官能团的存在，从芦竹中提取的水溶性 HA 提高了水芹幼苗中的赤霉素活性。施用水溶性 HA 可通过增加根毛、皮层细胞和内胚层切向壁的数量来增加拟南芥的根表面积。此外，酸溶 HA 可与土壤中的阳离子形成稳定的络合物，从而增加土壤养分有效性，改善土壤理化特性。当前，关于酸溶 HA 组分效应的实验室研究较为有限，而碱溶和水溶 HA 组分对农作物生长和农艺性状影响的田间试验研究也相对不足。因此，今后应加强该领域的研究，以填补这一知识空缺。

3.5 商业腐殖酸在农业生产中的应用

HA具有独特的物理化学和生物特性，促使人们对HA越来越感兴趣。近几十年来，商业腐殖产品在农业和环境技术中得到越来越多的应用。其中，源自HA不同盐的腐殖酸盐，例如腐殖酸铵和钾的应用量一直在增长。长期以来，研究一直强调保持土壤腐殖酸含量以确保良好作物生产力的重要性。从木质素的亚硫酸盐废液中分离出的腐殖酸盐广泛应用于工业和农业生产的生物刺激素领域。来自不同矿床的腐殖酸盐有其独有的特征，商业腐殖酸盐通过复杂的受控工艺生产，该工艺以氢氧化钾为主要原料（如木质素磺酸钾），并在高压和特定温度下进行水解，合成腐殖酸盐，这一过程是一个在模拟自然界中需要多年才能形成的腐殖酸过程，实现了加速生产。从工业角度来看，腐殖酸盐提取率是影响工艺效率和经济可行性的关键因素。作为潜在的肥料成分，HA在不同条件下、不同来源获取时，需要经过充分表征。尽管研究已经阐明了这些聚合物的初级结构，很少有研究调查它们对土壤、植物生长和生产的影响。木质素磺酸盐在螯合、缓冲和阳离子交换能力方面显示出与HA相当的性质，这是由于大量的羧基和酚基与芳环结合。商用腐殖酸盐特别是腐殖酸钾，被广泛用作增加土壤有机质含量的生物刺激素。它们有助于促进作物生长，提高产量和产品质量，增强土壤微生物活性，固定有毒金属，改善土壤结构和保水能力，增强作物对抗盐碱的能力，以及提高无机肥料的利用效率。大多数关于商业腐殖酸盐的研究都表现为积极的影响，包括促进植物生长、提高产量及提升植物对逆境（如盐胁迫）的抵抗能力。Imbufe等认为，腐殖酸钾作为一种土壤改良剂，可有效地提高酸性土壤和高钠土壤的团聚体稳定性，以抵抗季节性水分干湿变化的不利影响；腐殖酸铁则可以增加柑橘和葡萄树的生物量和水果产量，是碱性土壤的有效铁源。此外，在酸性土壤中，HA通过Fe和Al的络合/组合以及石灰性土壤中 Ca 的络合/结合来提高土壤磷的溶解度。值得注意的是，同一来源并由同一公司获得的商业腐殖酸盐在成分上可能存在很大差异，所产生的应用效果可能有所不同。

3.6 未来研究腐殖酸的需求与方向

在全球背景下，为减少粮食生产系统中氮肥的施用量，需要在不同作物、不同土壤类型和不可预测的气候条件下，优化氮肥施用技术。而 HA 是进一步优化作物施肥和提高氮素利用效率的有效手段。当前，我们已识别出了一些有待于进一步探讨的知识空白，针对适用于不同作物的特定 HA 来源、施用量及施用方式的研究尚需加强。HA、N 形态、地点和气候条件对作物产量、品质及土壤健康和质量的相互作用机制尚不明晰，不同试验条件下 HA-土壤-植物养分有效性与植物养分吸收之间的相互关系研究也存在空白。加强对这些方面的认识将有助于农学家和作物生产者了解 HA 与不同作物之间的相互作用方式，为可持续种植系统的发展提供理论基础。本文明确了水溶和碱溶 HA 组分以及化学和分子结构对作物产量、品质和土壤健康的影响尚缺乏在盆栽和田间条件下的评价。此外，关于 HA 的化学和分子结构（如羧基、酚羟基、脂肪族、芳香官能团、高分子量和低分子量化合物）如何影响作物产量和品质、土壤质量、土壤养分有效性、植物吸收和根系分泌物的信息也较为缺乏。这些问题的研究将有助于 HA 生产行业更加关注能为作物带来显著效益的 HA 组分和官能团。在 HA 对蛋白质含量影响的研究方面，尽管实验室和田间试验研究大多通过分析籽粒蛋白质含量进行，但现有数据仍然有限，无法得出可靠的结论。此外，大多数谷物和豆类作物都需要获得较高的蛋白质含量，但 HA 在促进氮同化和蛋白质合成方面的机制研究还比较有限。认识 HA 如何提高作物蛋白质含量，对于 HA 行业的研究者和作物生产者是至关重要的。

3.7 结论

在研究 HA 对植物和土壤的影响时遇到的主要问题是，HA 作为一种复杂混合物，缺乏独特的配方，很难在结构上进行化学表征。HA 对植物作用的复杂机制表明，有多种相互关联的信号通路与相关的激素和次级信使有关。现有证据表明，HA 的生物刺激作用与植物的结构和生理变化有关，有助于改善营养吸收。此外，HA 可以刺激非生物胁迫防御相关的植物初级和次级代谢，因此 HA 成为发展可持续农业的重要肥料。由于目前农业中使用的大多数 HA 来源于煤炭和泥炭等不可再生资源，推广从其他来源生产 HA 的新技术需要进一步研究。HA 在植物中的作用可以通过使用新兴的组学技术组合来进一步研究，包括离子组学、代谢组学、蛋白质组学和转录组学等。

腐殖酸肥料绿色环保，大力推广腐殖酸类肥料能为我国农业发展注入新鲜的活力。但是腐殖酸是一类混合物，结构复杂，并不是施用量越大效果越好。因此，未来我们还需深入研究腐殖酸类肥料的主要成分以及不同成分的作用机理，在施用腐殖酸类肥料时需综合考虑植物生长周期、需肥规律、土壤的理化性质等因素，以发挥其促进生长、增强抗逆性、增产提质的作用。另外，腐殖酸在改良土壤和提升土壤肥力等方面效果非常明显，能够有效改善土壤沙漠化、盐渍化等问题，使土壤更适合农作物生长，应用潜力巨大。当前，腐殖酸在土壤改良和修复领域的应用还需加强理论研究，明确腐殖酸改善土壤结构和理化性质的内在机理，进而有效发挥腐殖酸改良和修复土壤的作用。

参考文献

[1] 邵建华，孙万智，蒲加兴．打造生态肥料 发展健康农

业［J］. 肥料与健康，2024，51（2）：1-5.

［2］ 周丽平，袁亮，赵秉强. 腐植酸的组成结构及其对作物根系调控的研究进展［J］. 植物营养与肥料学报，2022，28（2）：334-343.

［3］ 赵秉强，林治安，刘增兵. 中国肥料产业未来发展道路——提高肥料利用率减少肥料用量［J］. 磷肥与复肥，2008，23（6）：1-4.

［4］ 李艳红，庄锐，张政，等. 褐煤腐植酸的结构、组成及性质的研究进展［J］. 化工进展，2015，34（8）：3147-3157.

［5］ Zandonadi D B, Canellas L P, Façanha A R. Indolacetic and humic acids induce lateral root development through a concerted plasmalemma and tonoplast H^+ pumpsactivation［J］. Planta，2007，225（6）：1583-1595.

［6］ 康国通. 含腐植酸水溶肥料对黄瓜生长发育及产量和品质的影响［J］. 上海蔬菜，2022（4）：51-52.

［7］ 庞春花，贺笑，张永清，等. 氮肥与腐殖酸配施对藜麦根系抗旱生理效应及产量的影响［J］. 干旱区资源与环境，2019，33（3）：184-188.

［8］ 沈建生，余红，孙萍. 土壤调理剂对草莓及土壤次生盐渍化的影响［J］. 浙江农业科学，2020，61（2）：236-238.

［9］ 孙海燕，刘浩南，杜丹凤. 化肥减量配施腐殖酸对玉米抗氧化系统、养分吸收及干物质积累的影响［J］. 江苏农业科学，2023，51（22）：61-68.

［10］ 陈秀琼. 施用腐殖酸对玉米产量及氮效率的影响［J］. 农业技术与装备，2022（5）：14-15.

［11］ 井水华，范建芝，冯维清. 腐植酸尿素对鲜食型甘薯生长及产量形成的影响［J］. 山东农业科学，2021（4）：98-102.

［12］ 张婉. 不同腐植酸肥对花生生长和产量的调控效应

[D]. 济南：山东大学，2020.
[13] 陈士更. 腐植酸土壤调理剂研制及其在酸化果园土壤上的应用 [D]. 泰安：山东农业大学，2019.
[14] 付保东. 腐殖酸在土壤改良中的应用研究进展 [J]. 防护林科技，2016 (3)：83-84.
[15] 谢国雄，季淑枫，孔樟良. 改良剂对粉砂质涂地土壤水稳定性团聚体形成和养分供应能力的影响 [J]. 农学学报，2015，5 (1)：47-50.
[16] 宋以玲，于建，陈士更. 腐植酸生物有机肥对土壤性质及小麦产量的影响 [J]. 腐植酸，2019 (3)：34-41.
[17] 曾秀君，程坤，黄学平. 石灰、腐植酸单施及复配对污染土壤铅镉生物有效性的影响 [J]. 生态与农村环境学报，2020，36 (4)：121-128.
[18] 苏初连，邓爱妮，范琼. 不同施肥土壤微生态环境和香蕉枯萎病防控效果差异分析 [J]. 分子植物育种，2024，22 (5)：1-9.
[19] Khan A, Khan M Z, Hussain F, et al. Effect of humic acid on the growth, yield, nutrient composition, photosynthetic pigment and total sugar contents of peas (*Pisum sativum* L.) [J]. Journal-Chemical Society of Pakistan, 2013, 35 (1): 206-211.
[20] Khan R U, Khan M Z, Khan A, et al. Effect of humic acid on growth and crop nutrient status of wheat on two differentsoils [J]. Journal of Plant Nutrition, 2018, 41 (1): 2016-2026.
[21] Calderin A, Huertas Tavares OC. Structure-function relationship of vermicompost humic fractions for use inagriculture [J]. Journal of Soils and Sediments, 2018, 18: 1365-1375.
[22] Jorden DLaskosky, Afua AMante, Francis Zvomuya. A bioassay

of long-term stockpiled salvaged soil amended with biochar, peat, andhumalite [J]. Agrosystems, Geosciences & Environment, 2020, 3 (1). DOI: 10. 1002/agg2. 20068.

[23] Lotfi R, Gharavi-Kouchebagh P, Khoshvaghti H. Biochemical and physiological responses of Brassica napus plants to humic acid under waterstress [J]. Russian Journal of Plant Physiology, 2015, 62: 480-486.

[24] Mohammed M H M, Meawad A A A, El-Mogy E E A M. Growth, yield components and chemical constituents of Stevia rebaudiana Bert. as affected by humic acid and NPK fertilization rates [J]. Zagazig Journal of Agricultural Research, 2019 (1). DOI: 10. 21608/ZJAR. 2019. 40172.

[25] Ebrahimian E, Bybordi A. Effect of organic acids on heavy-metal uptake and growth of canola grown in contaminatedsoil [J]. Communications in Soil Science & Plant Analysis, 2014, 45 (10): 1462-1474.

[26] *Karakurt* Y, Unlu H, Padem H. The influence of foliar and soil acid on yield and quality of pepper [M]. Scandinavica Section B, 2009.

[27] Tahir M M, Khurshid M, Khan M Z. Lignite-Derived Humic Acid Effect on Growth of Wheat Plants in DifferentSoils [J]. Pedosphere, 2011, 21 (1): 124-131.

[28] Nardi S, Schiavon M, Francioso O. Chemical Structure and Biological Activity of Humic Substances Define Their Role as Plant GrowthPromoters [J]. Journal of Agricultural and Food Chemistry, 2021, 69 (8): 2256-2265.

[29] Rose M T, Patti A F, Little K R. Chapter Two - A Meta-Analysis and Review of Plant-Growth Response to Humic Substances: Practical Implications forAgriculture [J].

Advances in Agronomy, 2014, 124: 37-89.

[30] Olk D C, Bloom P R, Perdue E M. Environmental and Agricultural Relevance of Humic Fractions Extracted by Alkali from Soils and NaturalWaters [J]. Journal of Environmental Quality, 2019, 48 (2): 217-232.

[31] Pinton R, Cesco S, Santi S, et al. Water-extractable humic substances enhance iron deficiency responses by Fe-deficient cucumber plants [J]. Plant and Soil, 1999, 210 (1-2): 145-157.

[32] Savy D, Canellas L, Vinci G. Humic-Like Water-Soluble Lignins from Giant Reed (*Arundo donax* L.) Display Hormone-Like Activity on Plant Growth [J]. Journal of Plant Growth Regulation, 2017, 36 (4): 995-1001.

第4章 海藻提取物作为生物刺激素的应用

4.1 简介

现代农业依靠化肥和合成农药来提高作物产量，会造成严重的土壤质量下降和环境污染等，从而对人类健康产生不利的影响。各种藻类的提取物可用于农业生产，藻类属于具备光合能力并且结构复杂的一类生物。根据大小可分为微藻（包括真核和原核蓝藻，亦称蓝绿藻）和大型藻类（即海藻），其中，微藻的直径通常为 0.2~2.0 μm，而大型藻类的长度<60 μm。藻类在海洋生态系统中的主要作用是为其他海洋生物提供营养。利用微藻和大型藻类生产生物刺激素具有很大的潜力。就微藻而言，它们的主要优势是具有简单的单细胞结构、高光合效率和在不同环境中生长的能力，以及能利用工业废水进行生长并生产有价值的生物活性化合物等优势。尽管如此，它们在农业中的使用仍处于探索阶段。海藻的主要优势在于其物种多样性，主要分为红藻（红藻门）、绿藻（绿藻门）和褐藻（褐藻门），其分类取决于藻类颜色[1]。绿藻的绿色素主要由叶绿素 a 和叶绿素 b 组成，褐藻色素主要是由叶黄素和岩藻黄素构成，而红藻则主要由来自红色素组的化合物，如藻胆蛋白构成。大型藻类具有多种活性，如抗炎、抗糖尿病、抗高血压、抗突变、抗菌、抗真菌和抗病毒等。海藻的这些有益特性可能归因于多种生物活性化合物的存在，如多糖及其衍生的低聚糖、脂质、酚类化合物、色素、凝集素、生物

碱、萜烯以及卤代化合物（如呋喃酮）等。生物活性化合物的含量在不同藻类物种中不同，然而，一些藻类物种脂肪酸、纤维、甾醇、蛋白质、植物胶体、氨基酸和维生素含量较高，这些化合物具有抑制病毒、细菌、真菌生长的功效[2]。现阶段研究发现藻类提取物具有2个应用前景，植物生长的活性启动子（生物刺激素）以及植物保护剂。藻类制剂可以促进作物器官生长、提高抗病能力，与传统肥料一起使用时，基于藻类提取物的配方可以明显提高生长产量。同时海藻提取物适合用于有机可持续农业，主要由于其具有可生物降解、无污染、对人类无毒的特性[3]。

海藻提取物具备双重功能，不仅含有营养物质，还具有植物生长刺激素的作用，能够增强种子的萌发、促进植株生长和根系发育，从而提高作物的产量和品质（如番茄、黄瓜、菠菜、西兰花和豆类），并可以延长采后保质期[4]。海藻制剂还能增强植物对非生物环境胁迫（如干旱的耐受性）促进营养吸收并提升抗氧化特性。藻类提取物的成分取决于海藻的类型（绿色、棕色或红色）、收获部位以及制造和提取的过程。藻类提取物具备植物生物刺激作用，是因为含有多糖、海带蛋白、卡拉胶、褐藻酸盐、大量营养元素、微量元素、生长激素、甾醇和甜菜碱等多种成分。海藻提取物中许多化合物对土壤具有有益作用，而且其生物活性物质也被证实可以提高作物的产量和质量，在番茄、豆类、小麦、玉米和牧草等植物上具有较好的应用效果。Sharma 等[5]研究表明，使用富含生长调节剂、大量元素、微量元素和季铵化合物的海藻（*Kappaphycus alvarezii* 和 *Graciliu edulis*）提取物，能够促进大豆、小麦、马铃薯、水稻和玉米等作物生长。海藻提取物关于果园应用的研究不多，但有研究认为木本果树上应用海藻提取物效果并不显著。

4.2 海藻提取物对植物代谢的作用效果及作用模式

4.2.1 海藻的初级代谢产物

初级代谢产物主要为低分子化合物，能够作为能量来源支撑生物体实现其基本功能，且普遍存在于所有生物体中，是维持生命过程正常运转所必需的。植物的主要代谢产物包括碳水化合物、脂肪、蛋白质、核酸、有机酸等。次生代谢产物对植物发育的多个方面具有非常重要的影响。Patier 等[7]认为从泡叶藻中提取的生物刺激素显著促进了大麦的生长和产量。此外，还研究了该藻类提取物对油菜籽的影响，发现其对油菜的根（10.2%）和地上部（23%）的生长有显著影响。大量研究表明，藻类提取物的应用能够增强根系活力、促进植物生长发育和增加叶片数量，从而在各种条件下提高蔬菜、水果和大田作物的产量。Zodape[8]研究认为，使用 0.25%、0.50% 和 1.0% 的海藻（如 *K. alvarezii*）对小麦进行喷雾处理后，不仅提高了小麦的产量，还改善了其品质，包括谷物的碳水化合物、蛋白质和矿物质。此外，用 Actiwave® 处理的果树减少了"大小"年之间的产量变化，并增加了平均果实重量。因此，海藻提取物在多种作物上的应用具有巨大的潜力。

4.2.2 植物生长刺激作用

海藻来源广、种类多，包括褐微藻类、红微藻类和绿微藻类。海藻及其提取物富含促进植物生长的活性物质，如多糖物质（如海藻酸盐、海带多糖、角叉菜胶）、固醇、含氮化合物（如甜菜碱），可作为生物肥料、土壤调节剂和生物刺激素作用于土壤和植物。作用于土壤时，多糖物质利于凝胶的形成，维持土壤的保水性和透气性。海藻提取物富含的聚阴离子化合物利于阳离子的固定和

第4章 海藻提取物作为生物刺激素的应用

交换、重金属的固定、土壤修复，并通过抑制细菌和病菌来促进植物生长。作用于植物时，海藻及其提取物不仅提供养分，还提供类激素活性物质（如固醇类和多胺类），刺激细胞分裂和植物生长发育，提高离子摄入能力、土壤透气性和保水性。

大型藻类提取物作为植物生物刺激素，能够催化不同的植物代谢途径，增强养分吸收，提高作物质量和植物的抗逆性。Dobrzański 等[9]的研究表明，使用15%的褐藻（如马尾藻）提取物处理胡萝卜和欧芹的种子后，结果表明提取物不仅促进了种子的发芽和植株的生长，还改善了作物的品质，具体表现为硝酸盐和类胡萝卜素含量的增加。Khan 等[10]使用的一组基于藻类的生物刺激制剂主要是泡叶藻提取物，成分含有渗透性甜菜碱和类甜菜碱化合物。Blunden 等[11]研究认为甜菜碱在逆境胁迫条件（如干旱、极端温度）下能够提供植物保护，特别是棕色大型藻类结节藻提取物在菠菜、番茄和玉米上的应用。此外，海藻提取物中的植物激素（如细胞分裂素、赤霉素、脱落酸、生长素）能够调节植物激素代谢。Matysiak 等[12]提供的结果证实了 Kelpak 对冬小麦生长的积极促进作用，且在较低浓度下，该产物具有较好的生物活性。Kumar 和 Sahoo[13]的研究也有类似的结果，在针对小麦（*Triticum aestivum*）生长和促进作用的一系列浓度测试（5%、10%、20%、30%、40%、50%和100%）中，确定了最适浓度为20%，显著提高了发芽率及根和茎的长度。采用超临界流体萃取技术从结节藻、螺旋藻和波罗的海大型绿藻获得的提取物能有效增加植物嫩芽中叶绿素和类胡萝卜素含量的增加。正如多数研究者所指出，藻类提取物含有大量营养元素和微量元素，也含有多胺、维生素和生长增强调节剂，这对生长、产量和果实质量的提高是必要的。Al-Musawi[14]利用海带和岩藻的2种提取物在3个浓度水平（1%、2%和3%）下处理橙子（*Citrus aurantium* L.），连续两次向橘子树喷施藻类提取物，使果实的大小、鲜重以及质量和数量都有所提高。其中岩藻提取物在最高浓度（3%）下效果最佳。El Sharony 等[15]

还在杧果树上进行了藻类提取物产品的试验,检测叶片的常量元素含量(N、P、K)、果实的理化特性和生长发育情况以评价该产品的效果,结果表明,2%的藻类提取物能够改善所有农艺参数,但未说明具体使用的藻类种类。Eyras 等[16]使用 2 种绿色大型藻类(*Ulva* spp.、*Codium* spp.)和 1 种棕色大型藻类(*Dictyota* spp.)提取物对番茄生长的影响进行研究,结果显示均具有良好的促生长效果。除了绿藻和褐藻外,红藻(如 *K. alvarezii*)也可以用作植物生长促进剂,Rathore 等[3]研究认为采用叶面喷施的方式,在大豆(*Glycine max*)叶片上施用不同浓度的提取物(2.5%、5%、7.5%、10%、12.5%、15%),当使用最高含量的提取物(15%)时具有最佳的促生效果,而 Matysiak 等[12]以及 Kumar 和 Sahoo[13]却认为应用较低浓度的藻类提取物可以获得最佳效果。

4.2.3 植物保护剂

海洋大型藻类的各种代谢产物也被用于灭杀多种真菌病原体,因此,海藻提取物可以作为植物保护剂,越来越多的公司开展相关产品的研发与推广,特别一些能够螯合金属离子的多糖,这些多糖参与植物微量元素的吸收与代谢。不同大型藻类的特定多糖,包括褐藻的岩藻胶、海带胶和褐藻酸盐以及红藻的卡拉胶和卟啉,均能在植物面临胁迫逆境时产生应激反应。此外,一些化合物如甘露糖和甘露糖醇可能通过参与渗透调节和自由基清除等生理过程,实现对植物病原体的有效抑制。此外,此类制剂无污染,对环境影响小。在草莓、桃子和柠檬种植过程中,海带、裙带菜的提取物可降低霉菌引起的感染病害水平,主要可能因为通过提取物提升作物高含量的脂肪酸的生成来减少真菌的不良影响,增加特定基因的蛋白表达实现植物防御。在番茄上的应用表明,多种藻类(棕色、绿色、红色)具有一定的抗真菌作用。例如,褐藻中的囊藻(水提取物)、岩藻(水提取物)、指藻(水提取物)、裸藻(粗提取物、纯化提取物)的提取物均表现出良好的抗真菌性能。Esserti 等指出,藻类提取物中抗氧化剂含量高是影响测试大型藻类抗真菌性能的一个因素。Hernández-Herrera 等[17]研究表明绿藻（*Ulva lactuca* 和 *Caulpa sertularioides*）提取物以及褐藻马尾藻（*Sargassum liebmannii*）对链格孢霉具有明显的抑制作用。采用石花菜（红色）、细枝马尾藻（*Sargassum filipulula*,棕色）和石莼（绿色）的碱性提取物抑制番茄的最常见真菌病原之一番茄链格孢霉,效果十分明显。多种溶剂已被用于筛选海藻的抗真菌活性,结果表明,使用丙酮、甲醇、甲醇/氯仿混合物、乙醇、乙醚、碱性溶液和超临界流体提取物等方法提取,亲脂性和亲水性藻类提取物都显示出较好的抗菌活性。Raj 等[18]研究认为提取物中高含量的酚类化合物和黄酮类化合物是增强植物对真菌整体抗性的主要因素。Jayar[19]将2种制剂应用于春油菜、大麦、燕麦上,评估其对植物生长改善及对病原真菌的抗菌活性,结果表明,这2种制剂均提高了作物对病原体攻击的抵抗力,同时这些作物的产量与品质均有所提高。

4.2.4 藻类提取物的抗菌性能

海藻提取物中的生物活性化合物可能对多种细菌具有抑制作用。Kumar 等[20]研究表明,不同类型的大型藻类（红色、绿色、棕色）的乙酸乙酯提取物对丁香假单胞菌的抑制作用是有效的。藻类提取物的抗菌活性与酚类化合物（如单宁、皂苷）的存在有关。多种大型藻类用乙醚、氯仿、乙醇和丙酮获得的提取物（10种红藻属、6种绿藻属、3种褐藻属）能够抑制革兰氏阳性细菌的生长,如巨大芽孢杆菌和金黄色葡萄球菌。正如 Arunkumar 等[21]特别指出,马尾藻的甲醇提取物能够明显抑制引起水稻白叶枯病的黄单胞菌,并在田间应用中成功减轻了病害症状[20]。

4.3 海藻提取物对植物生理的影响

海藻提取物对植物生理的影响存在较大差异,同一物种的单个品种可能对海藻提取物的处理有不同的反应。此外，种子发芽、根冠生长以及蔬菜、水果和大田作物的产量取决于多种因素，如植物的遗传潜力、生长环境、农业投入和管理实践。在研究确定海藻提取物对植物生理学影响的试验中，常用的棕色海藻（如 *Ecklonia maxima* 和 *Ascophyllum nodosum*）的提取物，其成分含有天然生长素［如吲哚-3-羧酸、吲哚-3-乙酸（IAA）、吲哚-3-醛、N-羟乙基甲酰胺、N,N-二甲基色胺］和细胞分裂素（如反式玉米素、顺式玉米素、二氢玉米素、异戊烯基腺嘌呤、异戊二烯基腺苷）；而节叶藻生产的提取物则富含维生素、氨基酸、低聚糖、植物激素和矿物质元素（如 N、Mg 和 B）。海藻提取物的刺激性主要是因为这些生物活性化合物的存在[22]。

4.3.1 海藻提取物对种子萌发的影响

在研究海藻提取物对种子发芽的影响时，主要指标包括发芽率、发芽指数、平均发芽时间和幼苗活力指数等。种子发芽率的提高可能是由于植物激素［如吲哚-3-乙酸和吲哚-3-丁酸（IBA）、赤霉素、细胞分裂素］、维生素、氨基酸和微量元素如 Co、Cu、Fe、Mo、Mn、Ni 和 Zn 的存在有关。Mzibra 等[23]研究表明，海藻多糖也可以作为促进种子发芽和植物生长的生物刺激素，其聚合物结构具有良好的保水特性。此外，多糖可以增加种子酶的活性，加速种子代谢。众所周知，海藻提取物稀释至 1 000 倍以上仍然具有生物活性。通常较低浓度的海藻提取物能够促进种子发芽率的提高，而较高的浓度则抑制发芽，可能是因为高浓度提取物抑制了种子吸收水分的能力。Hernández-Herrera 等[24]研究表明，较低浓度的石莼提取物（0.4%和1.0%中的0.2%）可以提高番茄种子的发芽率。此外，抑制种子发芽也可能与用于生产海藻提取物的溶剂有关。Choi[25]的研究表明，甲醇提取物完全抑制了莴苣（*Lactuca sativa* L.）的发芽，与甲醇提取物相比，海藻的水提取物略微抑制莴苣的发芽，这可能与提取物中的脂质和酚类成分有关。

因此，在温室（盆栽实验）或田间试验中应用海藻提取物前，应首先进行发芽试验，以探索不同提取方法和提取溶剂对种子发芽的影响，从而筛选出最佳的海藻提取物及其浓度，以实现作物最佳产品产量。

4.3.2 海藻提取物对茎生长的影响

藻类提取物中多种复杂生物活性化合物可能对蔬菜、水果、花卉、作物等具有生物刺激活性。其中，植物激素在促进细胞生长和细胞分裂中起着至关重要的作用。例如，细胞分裂素在芽的形成过程中是有效的，而甜菜碱则是一种具有细胞分裂素活性的有机渗透性物质。藻类提取物含有丰富的植物激素，通过外源施用，不仅可以增加枝条的生长，还可以增加根系和叶片中的叶绿素含量。海藻的多糖和低聚糖也可以通过增强碳和氮来促进植物生长和细胞分裂。多种商业海藻提取物以及在实验室制备的海藻提取物均表现出对芽生长的积极影响。例如，结叶藻产品（水溶性碱性提取物）能够增加草莓茎干重和叶面积。Ji 等[26]研究表明，一种含有多糖海藻酸盐的商业海藻提取物，可增加菊花的茎高、重量和叶片生长（长度、宽度、面积和重量）。在温室条件下，叶面施用结囊藻提取物（如 *Goemar GA* 14）能增加玉米植株的高度和干重。

4.3.3 海藻提取物对根系生长的影响

根系在植物吸收和转运营养物质方面发挥了重要作用。众所周知，海藻提取物通过改善侧根形成以及增加根系数量和根系长度来促进植物发育，旺盛的根系可以吸收更多的养分和水分。根系生长可能是由于植物激素（如生长素和赤霉素）的参与，调节并改善植物的生长。施用海藻提取物还可以显著提高根际土壤的电导率，这可能与提取物中的有机物矿化过程有关，从而使土壤中矿物质氮含量增加，促进植物生长。Alam 等[27]在草莓种植过程中使用了泡叶藻制剂发现其效果与 Ji 等[26]在菊花上使用含有海藻酸盐的海藻提取物相似,均显著增加了根干重、总根长、根表面积、根体积和根尖数。Mata[28]观察到番茄施用藻类制剂后,根长度相对于对照组增幅超过30%。海藻提取物对根系生长的影响也可能取决于其应用的时机。Jeannin等认为施用结节叶藻的提取物通常对苗期玉米根系生长最有效。

4.3.4 海藻提取物对果实形成的影响

海藻提取物对果实形成的影响尚不清楚,但推测可能是藻类提取物中含有生长调节剂(如1,3,16D-葡聚糖,也称为昆布素)引起的,这些生长调节剂可以引发多胺的合成并刺激细胞分裂。海藻提取物中的植物激素(如细胞分裂素、生长素)或甜菜碱通过影响生长早期的细胞分裂以诱导花的形成。细胞分裂素和甜菜碱被认为是泡叶藻提取物中存在的活性化合物,可诱导柑橘和橙子坐果率的增加。Colavita等[29]研究发现,在生长季节早期应用泡叶藻提取物可以增加果实的细胞数量,从而改善坐果率、果实大小和总产量。Gutierrez-Gamboa等[30]研究认为海藻提取物对葡萄坐果率也有明显的影响。泡叶藻提取物中存在的活性化合物,可诱导柑橘和橙子坐果率增加。海藻提取物与硼、锌等微量元素结合,并在开花前使用时,可有效改善葡萄坐果、产量和果实中酚类化合物的含量,这些化合物被归类为诱导物。而对于坐果率的影响,海藻提取物的施用时间尤为重要。Basak[22]研究发现,从开花结束到收获前4周,将棕色海藻和泡叶藻的提取物涂抹在苹果上,可以改善苹果的坐果率和单果重。在开花和坐果期后用氨基酸和海藻提取物的混合物喷洒葡萄植株,可显著增加浆果的硬度。

4.3.5 海藻提取物对农产品质量的影响

面对日益激烈的市场竞争,种植者迫切需要提升农产品质量,为实现这一目标,通过减少合成化学品的使用并转而应用生物制剂来实现,如海藻提取物。果实品质指标可以从耐储性、成熟度、硬度、可溶性糖含量、维生素 C 含量和果酸含量等方面考虑，也可以从果实外观指标如形状、大小、重量、长度、直径、厚度、颜色等方面考虑。海藻提取物通过叶面喷施使用后，有助于果树对养分的吸收。矿物质含量（如钙）是决定水果品质和耐储性的主要因素之一。Colla[31]研究认为海藻提取物（来自 *Ecklonia maxima* 的 Kelpak）提高了番茄组织中的钙、氮和抗坏血酸（维生素 C）含量。在开花和坐果阶段，多次喷施氨基酸和海藻提取物混合物的葡萄叶片，其 N、P、K、B、Fe 和 Zn 含量较对照组明显提高。生物活性化合物（如氨基酸、碳水化合物、肽）可以增加果实中矿物质的含量，这是由于增强了养分（包括矿物质）在果树体内的转运及积累。

海藻提取物对农产品质量具有有益影响。经氨基酸和核叶藻提取物的混合物处理的葡萄，其果实可溶性固体浓度、可滴定酸度、总糖和还原糖均显著高于对照组。Basak[22]研究认为，使用巨型褐藻（*Ecklonia maxima*）和泡叶藻（*Ascophyllum nodosum*）提取物处理的苹果，果实可溶性固形物含量略低于对照组。但储存后，海藻提取物处理的苹果品质更好（硬度略高，可溶性固形物含量明显更高），但更易腐烂。Masny 等[32]与 Spinelli 等[33]在草莓上的应用却得到相反的结论，未使用生物刺激素的品质指标（如硬度、糖含量、可滴定酸度和 pH 值）相对于处理显著增加。Roussos 等[34]的研究中也有类似的结论，应用海藻提取物对草莓的 pH 值、可滴定酸度、总可溶性固形物、有机酸和碳水化合物含量未见显著影响，但显著提高了草莓的总花青素含量（$P<0.05$）。此外，在豇豆（*Vigna sinensis*）上施用来自马尾藻（*Sargassum wightii*）和化学斑蟹（*Caulpa chemnitzia*）的海藻提取物可增加地上部生物量和茎叶中的叶绿素、类胡萝卜素、蛋白质、氨基酸、还原糖和总糖含量。综上所述，海藻提取物叶面施肥对水果和蔬菜的品质具有积极作用。

为使农作物获得更多的产量，许多植物生长调节化合物，如植物激素（生长素、细胞分裂素和赤霉素）已被广泛应用。Basak[22]的研究发现，在苹果收获前喷施棕色海藻（*Ecklonia maxima* 和 *Ascophyllum nodosum*）的提取物，能增加单果重，改善果径大小，并减少苹果表皮上的褐斑；其中直径>70 mm 的商品果比例显著提高。与对照组相比，使用氨基酸和叶子藻海藻提取物混合物处理的葡萄，其果实大小显著提升。

4.4 海藻提取物对园艺和农作物逆境胁迫耐受性的影响及作用方式

生物刺激素通过提高作物生产力来调节植物的胁迫能力，是促进农作物生长、营养吸收、根系耐受逆境胁迫的天然物质。欧洲生物刺激素工业委员会（EBIC）将植物生物刺激素定义能够促进根际养分吸收、增强逆境胁迫耐受性及改善作物品质的自然来源有机物质。在某些情况下，生物刺激素的应用可以降低化肥施用量，并维持作物产量。海藻提取物中存在的各种化合物具有协同促进作用，其作用机制尚不清楚，被认为能够增强农作物对养分的吸收，从而减少化学肥料的施用。海藻提取物中的重要成分包含调节生长、发育和逆境适应的植物激素。多数海藻提取物含有的脱落酸，是作物在逆境胁迫过程中合成的一种应激激素，会导致叶面气孔关闭，并影响根系的发育、生长调控以及应对干旱的重要基因的表达，从而在干旱胁迫中表现最佳。褐藻（海带藻、墨角藻）是生产生物刺激素制剂的常用藻类。褐藻提取物含有植物生长调节剂、氨基酸、有机渗透物（如甜菜碱）、矿物质、维生素（维生素K）和褐藻酸等。藻类提取物通过提升逆境胁迫基因的表达来提高作物和牧草的抗旱性。FEI 等[35]将海藻提取物应用于杨树和柳枝稷，可明显提高植物的生物量。红色海藻（如龙须菜）含有多种生物刺激化合物，如吲哚 3-乙酸（IAA）、玉米素、赤霉素（GA_3）、胆碱、甘氨酸、甜菜碱、大量营养元素和微量元素。巨型螺旋藻（褐藻）提取物则富含生长素、赤霉素、细胞分裂素、脱落酸、多胺和油菜素内酯。

4.5 海藻提取物对根际微生物种群调节的影响

耕作、灌溉和施肥等农业管理措施在提高产量的同时，也会减少菌根真菌和有益微生物，对根系生物群落产生负面影响。通过应用从自然界中获得的产品（海藻提取物）来抑制土壤菌根群落的失衡，这些产品可以作为传统矿物肥料的替代或补充。海藻提取物对根际土壤中土壤细菌和真菌群落的多样性（如来自小球菌门的共生丛枝菌根真菌）具有积极影响，促进了微生物在根部的定植和根系的生长。海藻提取物中易降解有机物的存在可以为土壤细菌的繁殖提供营养基础，从而增加高等植物根际细菌数量。众所周知，海藻含有微生物激活物质，可以促进细菌和真菌的生长，并通过代谢产生对植物生长有益的物质，从而提高植物抗病性和产量。根际微生物通过与寄主植物的根系形成共生关系，提高土壤养分的利用率，增强土壤中的养分循环。此外，海藻提取物的化学成分对根际环境也产生有益的影响，结节藻的提取物含有一种维生素 K 的衍生物，应用后会引起植株根际酸化，并含有褐藻酸，可作为土壤调理剂，增加植物根际和有机渗透质（如甜菜碱）的保水能力，保护植物免受生物和逆境胁迫，如干旱、盐碱、极端高/低温。由于藻类褐藻酸的存在，有助于创造适合根系生长和相关有益微生物生长环境。海藻提取物具有根际和叶际微生物种群调节的功能[36]，Alam 等[27]研究认为，利用棕藻碱性提取物应用于草莓种植，能有效提高土壤微生物菌落总数和活性。Spinelli 等[33]研究认为，结节藻的提取物对由假单胞菌属、枯草芽孢杆菌和链霉菌属组成的根际相关微生物群落产生了积极影响，其中与根吸收磷相关的假单胞菌种群显著增加（$P<0.05$），增强了不溶性磷源的溶解性。Kuwada 等[37]证实，在施用红藻（疣状龙须菜）的 25%甲醇提取物后，根际丛

枝菌根真菌（如 *Gigaspora margarita* 和 *Glomus caledonium*）可以刺激木瓜和西番莲的根系定植。然而，并非所有情况下海藻提取物都能促进微生物在根部的定植。Sas Paszt 等[38]研究表明，海藻提取物对丛枝菌根真菌在草莓根中的定植并未发现具有促进作用。尽管如此，海藻提取物对土传植物病原菌具有一定的抑制性，能抑制病原菌对植物根系的侵染。Sultana 等[39]研究认为，应用的海藻（如 *Stokeyia indica* 和 *Solieria robusta*）提取物作为土壤改良剂能显著抑制侵染辣椒根系的真菌（如 *Rhizoctonia solani*、*Macrophomina phaseolina*、*Fusarium solani*）和根结线虫（如 *Meloidogyyjavanica*）的侵染。海藻提取物含有抗菌活性的海藻化合物，如 1-氨基环丙烷-1-羧酸或甜菜碱。因此，海藻提取物可以替代普遍使用的合成化学农药。海藻提取物通常会影响根际和叶面的微生物群落，从而改善植物生长状态，包括提高了水分和养分的吸收能力，以及增强了植物对生物和逆境胁迫的恢复能力。

4.6 结论

海藻提取物被认为是植物生物刺激素的重要一员。这类生物刺激素通过提高营养吸收效率、增强逆境胁迫的耐受性以及改善植物的生长状态来提高产量。众所周知，生物刺激素的作用模式与初级或次级代谢产物（如碳水化合物、脂质、蛋白质、核酸、有机酸和许多其他物质）相关，在保护作物免受逆境和生物胁迫方面发挥着重要作用。海藻提取物对许多微生物病原体具有杀灭作用，具有对植物保护的作用。藻类生物刺激素作用于植物种子的萌发、根茎的生长、果实的形成，并且对部分根际和叶面微生物种群具有明显的促进和增强作用，不仅提高作物产量，也可提升农产品的保质期。本章引用的大量相关研究表明，使用海藻提取物作为不同植物的生物刺激素具有显著的应用效果，但生物刺激素的市场仍处于初级发展阶段，越来越多的肥料（农药）企业对藻类提取物表现出浓厚的兴趣，并开展进一步的研究，以实现藻类提取物新产品的快速市场化。

参考文献

[1] Shahnaz L, Shameel M. Chemical composition and bioactivity of some benthenic algae from Karachi coast ofPakistan [J]. International Journal of Algae, 2009, 11 (3): 377-393.

[2] Alassali A, Cybulska I, Brudecki G P, et al. Methods for upstream extraction and chemical characterization of secondary metabolites from algae biomass [J]. Advances in Technology, Biology & Medicine, 2016, 4 (1): 163.

[3] Rathore S S, Chaudhary D R, Boricha G N, et al. Effect of seaweed extract on the growth, yield and nutrient uptake of soybean (Glycine max) under rainfed conditions [J]. South African Journal of Botany, 2009, 75 (2): 351-355.

[4] Vasantharaja R, Abraham L S, Inbakandan D, et al. Influence of seaweed extracts on growth, phytochemical contents and antioxidant capacity of cowpea (*Vigna unguiculata* L. Walp) [J]. Biocatalysis and Agricultural Biotechnology, 2019, 17: 589-594.

[5] Sharma H S S, Fleming C, Selby C, et al. Plant biostimulants: a review on the processing of macroalgae and use of extracts for crop management to reduce abiotic and bioticstresses [J]. Journal of Applied Phycology, 2014, 26 (1): 465-490.

[6] Colla G, Rouphael Y. Biostimulants inhorticulture [J]. Scientia Horticulturae, 2015, 196: 1-2.

[7] Patier P, Yvin J C, Kloareg B, et al. Seaweeds liquid fertilizer from Ascophyllum nodosum contains elicitors of plant β-glycanases [J]. Journal of Applied Phycology, 1993, 5 (3): 343-349.

[8] Zodape S, Mukherjee S, Reddy M, et al. Effect of Kappaphycus alvarezii (Doty) Doty ex Silva extract on grain quality, yield and some yield components of wheat (*Triticum aestivum* L.) [J]. International Journal of Plant Production, 2009, 3: 87-101.

[9] Dobrzański A, Anyszka Z, Elkner K. Reakcja marchwi na ekstrakty pochodzenia naturalnego z alg z rodzaju Sargassum - Algaminoplant i z Leonardytu - HumiPlant [J]. Journal of Research and Applications in Agricultural Engineering, 2008, 53 (2): 53-58.

[10] Khan W, Rayirath UP, Subramanian S, et al. Seaweed extracts as biostimulants of plant growth and development [J]. Journal of Plant Growth Regulation, 2009, 28 (4): 386-399.

[11] Blunden G, Morse PF, Mathe I, et al. Betaine yields from marine algal species utilized in the preparation of seaweed extracts used inagriculture [J]. Natural Product Communications, 2010, 5 (4): 581-585.

[12] Matysiak K, Kaczmarek S, Kierzek R, et al. Ocena działania ekstraktów z alg morskich oraz mieszaniny kwasów huminowych i fulwowych na kiełkowanie i początkowy wzrost rzepaku ozimego (*Brassica napus* L.) [J]. Journal of Research and Applications in Agricultural Engineering, 2010, 55 (1): 28-32.

[13] Kumar G, Sahoo D. Effect of seaweed liquid extract on growth and yield of Triticum aestivum var. PusaGold [J]. Journal of Applied Phycology, 2011, 23 (2): 251-255.

[14] Al-Musawi M d A H M. Effect of foliar application with algae extracts on fruit quality of sour orange, Citrus aurantium, L [J]. Journal of Environmental Science, Pollution and Re-

search, 2018, 4: 250-252.

[15] El-Sharony T F, El-Gioushy S F, Amin O A. Effect of foliar application with algae and plant extracts on growth, yield and fruit quality of fruitful mango trees cv. FagriKalan [J]. Journal of Horticulture, 2015, 2 (4): 1-12.

[16] Eyras M C, Rostagno C M, Defosse G E. Biological evaluation of seaweed composting [J]. Compost Science & Utilization, 1998, 6 (4): 74-81.

[17] Hernandez-Herrera R M, Santacruz-Ruvalcaba F, Ruiz-Lopez M A, et al. Effect of liquid seaweed extracts on growth of tomato seedlings (*Solanum lycopersicum* L.) [J]. Journal of Applied Phycology, 2014, 26 (1): 619-628.

[18] Raj T S, Graff K H, Suji H A. Bio chemical characterization of a brown seaweed algae and its efficacy on control of rice sheath blight caused by Rhizoctonia solaniKuhn [J]. International Journal of Tropical Agriculture, 2016, 34: 429-439.

[19] Jayaraman J, Norrie J, Punja Z K. Commercial extract from the brown seaweed Ascophyllum nodosum reduces fungal diseases in greenhousecucumber [J]. Journal of Applied Phycology, 2011, 23 (3): 353-361.

[20] Kumar C S, Raju D, Sarada V L, et al. Seaweed extracts control the leaf spot disease of the medicinal plant Gymnema sylvestre [J]. Indian Journal of Science and Technology, 2008, 1 (3): 93-94.

[21] Arunkumar K, Selvapalam N, Rengasamy R. The antibacterial compound sulphoglycerolipid 1-O-palmitoyl-3-O-(6-sulpho-α-quinovopyranosyl)-glycerol from Sargassum wightii Greville (Phaeophyceae) [J]. Botanica Marina, 2005, 40: 441-445.

[22] Basak A. Effect of preharvest treatment with seaweed products, Kelpak® and Goëmar BM 86®, on fruit quality inapple [J]. International Journal of Fruit Science, 2008, 8 (1-2): 1-14.

[23] Mzibra A, Aasfar A, El Arroussi H, et al. Polysaccharides extracted from Moroccan seaweed: a promising source of tomato plant growthpromoters [J]. Journal of Applied Phycology, 2018, 30 (5): 2953-2962.

[24] Hernandez-Herrera R M, Santacruz-Ruvalcaba F, Ruiz-Lopez M A, et al. Effect of liquid seaweed extracts on growth of tomato seedlings (*Solanum lycopersicum* L.) [J]. Journal of Applied Phycology, 2014, 26 (1): 619-628.

[25] Choi J S, Choi I S. Inhibitory effect of marine green algal extracts on germination of Lactuca sativaseeds [J]. Journal of Environmental Biology, 2016, 37 (2): 207-213.

[26] Ji R T, Dong G Q, Shi W M, et al. Effects of liquid organic fertilizers on plant growth and rhizosphere soil characteristics of chrysanthemum [J]. Sustainability, 2017, 9 (5): 841.

[27] Alam M Z, Braun G, Norrie J, et al. Effect of Ascophyllum extract application on plant growth, fruit yield and soil microbial communities ofstrawberry [J]. Canadian Journal of Plant Science, 2013, 93 (1): 23-36.

[28] Matysiak K, Kaczmarek S, Kierzek R, et al. Ocena działania ekstraktów z alg morskich oraz mieszaniny kwasów huminowych i fulwowych na kiełkowanie i początkowy wzrost rzepaku ozimego (*Brassica napus* L.) [J]. Journal of Research and Applications in Agricultural Engineering, 2010, 55 (1): 28-32.

[29] Colavita G M, Spera N, Blackhall V, et al. Effect of seaweed

extract on pear fruit quality and yield [J]. Acta Horticulturae, 2011, 909 (909): 601-607.

[30] Gutierrez-Gamboa G, Garde-Cerdán T, Souza-Da Costa B, et al. Strategies for the improvement of fruit set in *Vitis vinifera* L. CV. 'Carmenere' through different foliar biostimulants in two differentlocations [J]. Ciencia y Tecnología Vitivinícola, 2018, 33 (2): 177-183.

[31] Colla G, Hoagland L, Ruzzi M, et al. Biostimulant action of protein hydrolysates: unraveling their effects on plant physiology andmicrobiome [J]. Frontiers in Plant Science, 2017, 8: 2202.

[32] Masny A, Basak A, Zurawicz Z. Effect of foliar application of Kelpak and Goemar BM 86 preparations on yield and fruit quality in two strawberry cultivars [J]. Journal of Fruit and Ornamental Plant Research, 2004, 12 (1): 23-27.

[33] Spinelli F, Fiori G, Noferini M, et al. A novel type of seaweed extract as a natural alternative to the use of iron chelates in strawberryproduction [J]. Scientia Horticulturae, 2010, 125 (3): 263-269.

[34] Roussos P A, Denaxa N K, Damvakaris T. Strawberry fruit quality attributes after application of plant growth stimulatingcompounds [J]. Scientia Horticulturae, 2009, 119 (2): 138-146.

[35] Fei H, Crouse M, Papadopoulos Y, et al. Enhancing the productivity of hybrid poplar (Populus × hybrid) and switchgrass (*Panicum virgatum* L.) by the application of beneficial soil microbes and a seaweedextract [J]. Biomass and Bioenergy, 2017, 107: 122-134.

[36] Rouphael Y, du Jardin P, Brown P, et al. Biostimulants for

Sustainable CropProduction [M]. Burleigh Dodds Series in Agricultural Science, Number 8.

[37] Kuwada K, Wamocho L S, Utamur M, et al. Effect of red and green algal extracts on hyphal growth of Arbuscular Mycorrhizal Fungi, and on mycorrhizal development and growth of papaya andpassionfruit [J]. Agronomy Journal, 2006, 98 (5): 1340-1344.

[38] Sas Paszt L, Malusa E, Sumorok B, et al. The influence of bioproducts on mycorrhizal occurrence and diversity in the rhizosphere of strawberry plants under controlledconditions [J]. Advances in Microbiology, 2015, 5 (1): 40-53.

[39] Sultana V, Ehteshamul-Haque S, Ara J, et al. Comparative efficacy of brown, green and red seaweeds in the control of root infecting fungi andokra [J]. International Journal of Environmental Science and Technology, 2005, 2 (2): 129-132.

第 5 章 蛋白质水解物对作物的生物刺激作用

5.1 简介

蛋白质水解物（PH）是一类植物生物刺激素，含有多肽、寡肽和氨基酸，这些成分是蛋白质部分水解所产生的。这些水解物通过化学方法（如酸或碱处理）、热处理以及和/或酶水解等方式制得，原料则主要来自富含蛋白质的动物（如胶原蛋白、羽毛、血液）或植物（如蔬菜副产品、豆类种子、苜蓿干草）为主的工农业副产品。从环境和经济角度来看，蛋白质水解物具有良好的应用推广前景。蛋白质水解物通常以液体、可溶性粉末或颗粒的产品形式在市场上进行销售。事实上，农业中超过 90% 的 PH 市场供应依赖于化学/热水解处理的动物来源蛋白质（如欧洲、印度和中国皮革工业的胶原蛋白，美国的鱼类副产品），这主要得益于原材料的高可用性和较低的生产成本。植物衍生的 PH 不太常见，最近才被作为生物刺激素在市场销售，尽管其生产企业数量众多，但由于酶水解生产技术的复杂性而受到发展限制。近年来，由于对在粮食作物中使用动物来源蛋白质水解物的限制越来越大，植物来源的 PH 作为生物刺激素产品的高效性越来越受到市场的关注。研究表明，采用叶面或根部施用 PH 可以提高多种作物的生长和产量，这主要归因于 PH 诱导的生物刺激作用，包括促进植物对养分的吸收和转化、增强作物对非生物胁迫的耐受性、提高土壤微生物活性和土壤酶活性、提高微量营养元素的利用率（特别是 Fe、Zn、Mn 和

Cu)、增加根表面积(特别是侧根和毛根),以及提升硝酸还原酶、谷氨酰胺合成酶和 Fe(Ⅲ)-螯合还原酶的活性。PH 还可以改变植物的激素平衡,从而由于特定多肽、氨基酸(如苯丙氨酸、谷氨酸)和植物激素前体的存在而影响植物发育的生物合成。此外,应用植物衍生的 PH 可以引发生长素和赤霉素代谢,从而促进植物的生长与产量增加。PH 还可以提高水果和蔬菜的产量,增加其与品质相关的植物代谢物含量(即类胡萝卜素、类黄酮、多酚等),并减少硝酸盐等有毒物质的积累。PH 还可以提高作物对环境胁迫的耐受性,如热、盐、旱、营养的逆境胁迫。多次低剂量施用 PH 可有助于最大限度地减少逆境对作物的不利影响,其应用的效果因基因型、表型阶段、环境条件、施用的时间和模式不同而有所差异。在多次施用动物源 PH 产品可能会在蔬菜上产生毒性作用,表现为生长抑制现象,而在叶面施用植物来源的 PH 后,如在番茄和紫苏上施用时则没有表现出毒性和生长抑制作用。上述现象可能与不同来源的蛋白质水解物中氨基酸组成的不平衡、较高浓度的游离氨基酸、外消旋化程度和高盐含量有关[1]。

5.2 生物活性化合物

迄今为止,对 PH 中产生生物刺激作用的活性化合物的研究还没有统一的结论,可能与几种化合物协同作用所引起的生物响应有关。PH 的主要水解成分包括游离氨基酸、多肽和植物激素。PH 成分和质量受蛋白质来源(动物或植物)和水解过程(化学、热和/或酶水解)的显著影响。蛋白质的化学水解是在强酸或碱性条件下进行的,是一个在高温(>100℃)和压力(>200 kPa)条件下进行的剧烈过程。此外,高压(>600 kPa)下的热水解(160~180℃)也被用于从动物来源的蛋白质中生产 PH。高温、高压、酸性或碱性条件会导致蛋白高度水解,并且相应的产物显示出高含量的游离氨基酸而非多肽。此外,化学水解会导致部分氨基酸被破坏，如在酸水解条件下色氨酸会完全降解成半胱氨酸，丝氨酸和苏氨酸也会发生完全降解；天冬酰胺和谷氨酰胺则会转化为酸性结构。使用蛋白水解酶的水解比化学水解温和，通常针对特定的肽键，控制温度（<60℃）确保酶的活性以达到催化分解目的。通过按顺序添加特定的酶与调整底物浓度比，可以控制水解程度。因此，酶水解得到的 PH 通常由游离氨基酸和不同长度的肽的混合物组成。也有研究者提出了化学和酶水解工艺相结合的方法，以确保氨基酸结构稳定，同时达到所需的水解程度。然而，化学水解的一个关键问题是外消旋的改变，即将游离氨基酸 L-形式转化为 D-形式。考虑到具备生物活性的氨基酸是 L 型的，而植物细胞的分解代谢则需要包含 D-氨基酸，否则会产生毒性作用，可能导致植物生长受到抑制。此外，化学水解的另一个缺点是大量使用酸或碱还会增加水解产物的盐分含量。无论使用何种水解类型，PH 中的氨基酸组成也会因蛋白质来源的不同而有所差异。与植物来源的产品相比，基于胶原蛋白的 PH 含有相对较高含量的甘氨酸和脯氨酸，此外，还含有非标准氨基酸羟脯氨酸和羟基赖氨酸。然而，植物衍生的 PH，如豆类产品和鱼类衍生的 PH 含有大量的天冬氨酸和谷氨酸。而酪蛋白衍生的产品则含有大量的谷氨酸和脯氨酸。为了分离和鉴定 PH 中的肽含量与成分，一般采用液相色谱-串联质谱法（LC-MS/MS），该方法配备高分辨率质量选择器。不同游离氨基酸和肽的组成可能具有生物刺激特性，也可能对植物产生抑制或毒性作用。一些通过化学水解得到的动物源 PH 对植物生长有抑制作用，可能与 PH 中游离氨基酸浓度较高（尤其是 D 型氨基酸）、氨基酸组成不平衡和盐分含量高有关。近年来，多种生物活性肽被研究认为在植物中充当内源性信号分子，发挥类似植物激素的作用。例如，从豆类衍生的 PH 中分离出的根毛促进肽（RHPP）具有促进根毛和不定根形成的功能，这种信号肽有 12 个氨基酸序列（Gly-Gly-Ile-Arg-Ala-Ala-Pro-Thr-Gly-Asn-Glu-Arg），并证实具有较高活性。有趣的是，RHPP 和内源性肽在其二级或三级结构

上没有相似性。事实上，RHPP 含有 4 个 α-螺旋断裂的残基氨基酸，此外，变性热处理后 RHPP 的生物活性能够得以保留。另外，当 C 末端的一个残基缺失时，RHPP 的生物活性降低，这表明 12 个氨基酸残基的链长是保持根毛促进活性的基本结构，RHPP 生物活性的机制似乎与不同于内源性肽有关。PH 中含有植物衍生肽的活性激素，其中包括生长素和赤霉素，能够促进作物生长。除游离氨基酸和多肽外，PH 中还含有其他含氮分子，如甜菜碱和多胺。尽管它们的生物活性作为生物刺激素的作用机制仍有争论，但在甜菜碱中，甘氨酸甜菜碱（三甲基甘氨酸）作为一种氨基酸衍生物，被广泛认为是一种植物调节应激物，可能与游离氨基酸和多肽协同作用。植物蛋白质来源的 PH 经检测含有生长调节剂，如生长素、赤霉素、细胞分裂素和多胺等，但最终产品中其含量并不高，因此对植物生长的影响较为有限。然而，这些氨基酸前体（如 L-色氨酸是生长素的前体，L-蛋氨酸是乙烯的前体）可能通过间接途径对植物生长产生影响。此外，热不稳定化合物（如维生素）在化学/热水解过程中可能会被破坏，从而影响 PH 的最终成分和生物活性。

5.3 蛋白质水解物对种子萌发、作物生长和产量的影响

人们很早就知道蛋白质水解物对种子萌发、作物生长和产量具有有益作用。在禁止使用合成化学物质的有机农业中，PH 处理种子尤为关键，能有效提升种子质量。例如，胶原蛋白水解物处理小麦种子，通过增加种子内源赤霉酸刺激代谢，从而提高出苗率和幼苗生物量，减少异常幼苗。同样，与水处理相比，利用酶解角蛋白获得的 PH 处理种子，其发芽率提高了 10%，发芽势提高了 18%。含有促根肽和氨基酸的植物蛋白水解物被成功应用于刺激玉米和大豆种子的萌发、早期生根、抗逆性提升及杀菌剂/

微量元素拌种处理中。西班牙 Tarragona 的 Agrotecnologías Naturales SL 公司提交的一项专利（n. 201531523/3，提交日期为 2015 年 10 月 22 日）认为，大豆衍生的 PH 能够将聚乙烯微球的数量增加 1 倍以上（直径为 75~90μm），可作为丛枝菌根真菌孢子的替代物；与清水相比，可以附着在小麦、玉米和大豆的种子表面。此外，处理后种子的机械振动表明，在微球/水悬浮液中添加大豆来源的 PH，可使小麦、玉米和大豆种子上微球的黏附强度分别提高 96%、36% 和 21%。众多研究认为，在大田和温室条件下施用蛋白水解物可以提高玉米、猕猴桃、生菜、百合、木瓜、西番莲、胡椒和番茄等作物的生长和产量[2]。叶面施用豆科植物来源的蛋白水解物可以提高大田樱桃番茄的果实产量，并有效提高果实数量。当对豆科植物进行叶面喷洒，特别是使用高剂量（5.0 mL/L）蛋白水解物产品时，温室番茄的产量也获得了提高。有趣的是，与未处理的植物相比，为 5.0 mL/L 和 2.5 mL/L 豆科来源的 PH 处理的番茄，其商品产量更高，其中小果品种 Akyra 的单株果实数量增加，而中等果品种 Sir Elyan 的单果重量增加。Rouphael 等[3]研究认为，经过 PH 处理的菠菜植株比未处理的植株在新鲜产量上有显著增加，主要是因为叶片面积增加，而叶片数量并未增加。与未处理的对照植株相比，叶面施用豆科植物水解物可以提高莴苣的产量。动物源水解液也被成功用于提高作物产量，但在生长周期中效果不太一致。与对照相比，叶面施用动物源水解物能提高大豆的产量，特别是在生长周期中施用 2 次而非 1 次的情况下。Morales-Pajan[4]按照每月 1 次喷施蛋白水解物，在第 1 个生长周期，叶面喷施动物源水解物能有效提高胡萝卜产量，但在接下来的 2 个生长周期中，动物源水解物诱导的胡萝卜产量增加并不明显（$P<0.05$）。与未处理的对照相比，动物源水解物处理的菠菜和草莓植株的产量没有显著变化。温室应用动物源水解物和角豆芽水解液，与未处理的对照相比，提高了番茄的株高和每株花数，但仅喷施角豆芽水解液的番茄 18 周后提高了单株果实数。与未处理的对照相比，施用 2 种来自动物上

皮和苜蓿的蛋白水解物提高了百合的花芽直径、叶面积、茎质量和根生物量。Cirillo 等[5]通过苗床试验评估了不同浓度（0 mL/L、1 mL/L、3 mL/L 或 5 mL/L）的豆科植物蛋白水解物对块茎海棠、天竺葵和角堇菜生长、商品观赏性、叶气交换能力和矿物成分吸收的影响。研究发现，蛋白水解物处理后，植物的生长和观赏品质改善对蛋白水解物产生依赖性。具体而言，1 mL/L 浓度的水解蛋白能够提高天竺葵的株高、叶面积和数量以及地上部干重，而 PH 仅对角堇菜的株高有显著影响（$P<0.05$）。当 PH 值为 1 mL/L 和 3 mL/L 时，海棠的单株花数显著增加。此外，PH 处理还提高了天竺葵和海棠叶片的净光合速率和气孔导度，但仅在天竺葵叶片的氮含量有所增加。在温室盆栽啫龙花的试验中，比较了 3 种动物源蛋白水解物（不同用量 0 g/L、0.1 g/L 和 0.2 g/L）和 2 种施用方法（灌根和叶面喷施）对植株生长、根系形态、氮含量和叶片气体交换的影响。结果显示，与对照组相比，施用蛋白水解物显著提高植株的株高、枝数、总枝长、叶片数、总叶面积、花数和总地上部干重。上述结果可能与处理植株根、叶氮含量、光合速率、蒸腾速率和气孔导度的增加相关；与灌根相比，叶面喷施仅对花的干重有显著影响，而灌根对花的干重、根系形态、叶片及根系氮含量、蒸腾速率、气孔导度、胞内 CO_2 浓度以及光合系统 Ⅱ 效率均有显著影响（$P<0.05$）。

5.4 蛋白质水解物对土壤养分有效性和养分利用效率的影响

人们对作物生产过程中提高作物吸收养分能力的种植制度和管理方法越来越感兴趣，这可以最大限度地减少肥料投入和养分损失。除作物吸收养分的能力外，还需考虑种植制度性能的提高和作物利用养分达到最高产量的效率。养分利用效率（NUE）已被提出作为评价作物生产系统的一个关键指标。氮肥利用率一般定义为土壤和

第5章 蛋白质水解物对作物的生物刺激作用

肥料中单位有效氮养分的可收获产量,它由2个主要指标的乘积构成:①养分吸收效率,即作物在每单位可用养分条件下的吸收量;②养分利用效率,即作物在每单位养分吸收条件下的可收获产量。

蛋白水解物可通过提高养分的吸收来提高养分利用效率。主要机制如下:①抑制养分不溶性金属氨基酸/多肽(如Fe、Zn、Mn、Cu)的形成;②某些氨基酸的还原活性使植物更易吸收的微量营养元素含量(如Fe^{3+}转化为Fe^{2+})减少;③刺激养分溶解微生物的增加,如产生铁载体的木霉类真菌以及参与土壤养分矿化的有益微生物群落。蛋白水解物可以通过以下途径增强植物营养吸收:①促进根系生长,特别是具有生理活性和吸收能力的毛根;②刺激根系中参与养分吸收的酶活性(如螯合铁还原酶);③促进编码营养转运体(如硝酸盐转运体)的基因超量表达。此外,由于金属-氨基酸/多肽复合物的形成,蛋白水解物可以增加植物体内微量元素的转运。许多研究表明,烟酸参与金属离子的络合,在植物体内对金属的吸收、运输和稳态维持中发挥着基础性作用。蛋白水解物还可以通过上调参与无机营养物质(如硝酸盐)同化过程的酶基因表达,来优化同化过程。Schiavon等[6]研究认为,苜蓿源蛋白水解物通过协同调控,促进了植物体内的氮同化过程,有利于碳氮代谢,提高了三羧酸循环中的苹果酸脱氢酶、异柠檬酸脱氢酶和柠檬酸合酶的活性,以及参与氮代谢同化过程的各种酶(硝酸还原酶、亚硝酸盐还原酶、谷氨酰胺合成酶、谷氨酸合成酶和天冬氨酸转氨酶)的活性。Colla[7]对玉米和番茄氮素吸收和生长的影响的研究中也获得了类似的结果,蛋白质水解物通过刺激根系生长和氮素同化,提高了作物生长势,从而促进了氮素吸收。蛋白水解物施用后通常能够观察到植物组织中氮、磷、钾、钙、镁和铁等养分含量的增加。然而,必须考虑到,种植体系中大量使用蛋白水解物,PH处理植物中氮含量的增加不仅来源于生物刺激素作用,也来自肥料中含有高含量的氮(如植物直接吸收的氨基酸/多肽或PH蛋白质水解物衍生的无机氮化合物)。在一项温室菠菜试验中,对8个处理进行了比较,处理包括施用 2 种生物刺激素(对照或叶面施用豆科来源的 PH "Trainer")和 4 个氮施肥水平($0\ kg\ N/hm^2$、$15\ kg\ N/hm^2$、$30\ kg\ N/hm^2$ 或 $45\ kg\ N/hm^2$)组合。有趣的是,在有限施氮量(分别为 0 和 $15\ kg\ N/hm^2$)条件下,蛋白质水解物处理的鲜产量比对照分别提高了 33.3% 和 24.9%。此外,在 $15\ kg\ N/hm^2$、$30\ kg\ N/hm^2$ 和 $45\ kg\ N/hm^2$ 时,叶面施用植物源蛋白水解物分别提高了 25%、16% 和 8% 的氮素利用率。Di Mola 等[8]研究也获得了类似的结果,对 2 种生物刺激素施用(对照或叶面施用豆科来源的 PH "Trainer")的因子组合和 4 个矿质氮施肥水平($0\ kg\ N/hm^2$、$60\ kg\ N/hm^2$、$80\ kg\ N/hm^2$ 或 $100\ kg\ N/hm^2$)的 8 个处理进行了测试,PH 处理的莴苣鲜产量随施氮量的增加呈线性增加(0.130 vs. 0.094)。此外,在 $60\ kg\ N/hm^2$、$80\ kg\ N/hm^2$ 和 $100\ kg\ N/hm^2$ 时,叶面施用豆科植物源的蛋白水解物,氮素利用率分别提高了 29%、27% 和 36%。同样,Colla 等[9]也认为,在低养分利用率条件下,蛋白质水解物增加了氮肥利用率,每周喷施 2.5 mL/L 的蛋白水解物,与对照相比,产量、SPAD 指数和氮素吸收分别提高了 50%、11% 和 11%。

5.5 蛋白质水解物对作物逆境胁迫的影响

逆境胁迫(如高/低温、干旱、盐分和重金属)是限制作物产量提升的主要因素。逆境一般是通过影响植物组织中的活性氧(ROS)水平,从而引发植物的氧化应激反应。植物通过酶促和非酶促(如脯氨酸)抗氧化剂(抗氧化防御系统)控制细胞中 ROS 的浓度;酶促抗氧化剂包括超氧化物歧化酶(SOD)、过氧化氢酶(CAT)、抗坏血酸过氧化物酶、愈创木酚过氧化物酶和谷胱甘肽还原酶。SOD 催化超氧阴离子($O_2^-·$)生成过氧化氢(H_2O_2),H_2O_2 的含量水平进一步受到 CAT 和过氧化物酶的协同调控。蛋白水解物可以通过增强抗氧化系统来减轻环境胁迫对作物的负面影响。此外，PH 可能是植物细胞抗氧化剂的来源，因为某些多肽具有更强的抗氧化活性，这也是为什么相同的 PH 值通常对多种环境胁迫具有保护作用的原因[2]。蛋白水解物提升作物抗逆性的机制包括：①促进根系生长，增加根冠比；②改善植物吸收营养的能力；③增强细胞膜稳定性；④促进细胞渗透调节物质的积累；⑤调节植物激素水平。

现阶段，耕地盐渍化已经成为农业面临的一个严重问题，特别是在沿海地区。高浓度的盐分会损害植物的正常的生长，主要通过渗透胁迫（即水分亏缺）和离子胁迫（主要是 Na^+ 和 Cl^-）对植物养分吸收、氮代谢、光合作用以及蛋白质合成产生抑制。Visconti 等[10]研究认为，施用蛋白水解物可以通过降低氯的吸收和向地上部分转运 Ca^{2+} 来缓解柿子在盐胁迫下的伤害，从而减轻叶片的坏死。对盐胁迫的更大耐受性与蛋白水解物的组成有关，特别是脯氨酸、甘氨酸和甜菜碱含量，这些物质能促进植物的新陈代谢，并增强排除 Cl^- 离子的能力；各处理叶片中钠的含量比氯含量低 2 个数量级，处理间未见差异（$P<0.05$）。在水培玉米试验中，施用苜蓿蛋白水解物可以通过增加植物组织中的钾、脯氨酸浓度来减轻盐分对作物生长的负面影响。Khedr[11]研究认为植株可以通过诱导盐胁迫响应蛋白的表达来合成脯氨酸以改善植物对过量盐分的适应。产脯氨酸不足的拟南芥突变体具有应激敏感表型，可以通过外源应用 L-脯氨酸提升抗盐表型，L-脯氨酸是蛋白水解物中常见的氨基酸。Ertani 等[12]在水培玉米试验中的研究表明，施用苜蓿蛋白水解物提高了植物生物量，盐胁迫降低了抗氧化酶的活性，但促进了脯氨酸、黄酮类化合物含量，提高了苯丙氨酸解氨酶（PAL）的活性，其中类黄酮含量的增加与 PAL 酶活性的变化一致。许多植物的编码蛋白基因对许多非生物和生物胁迫都有响应，可以通过应用生物刺激素进行强化，其中 PAL 对盐胁迫的响应表现为其活性和基因表达均上升，这可能与蛋白水解物含有吲哚乙酸有关。此外，蛋白水解物对苯丙素合成的刺激可能与氮同化能力的改善有关。Lucini 等[13]研究认为，

应用蛋白水解物灌根生菜,特别是叶面喷施和灌根,有助于植物保持更高的光系统Ⅱ光化学活性,在盐胁迫条件下,生菜生长状态获得改善。此外,通过叶片组织代谢组学分析,蛋白水解物处理与对照在盐胁迫下的代谢存在明显差异,蛋白水解物处理的植株耐盐性改善与氧化应激缓解、激素水平变化及次生代谢产物(如硫代葡萄糖苷、甾醇和萜烯)的产生有关。

干旱胁迫是农业发展面临的最严峻的问题,尤其是在全球变暖的背景下。Paul 等采用高通量图像表型分析和代谢组学分析方法,研究蛋白水解物不同施用方法(叶面喷施和灌根)对番茄在水分匮缺条件下的生理性状和代谢特征的生物刺激作用。结果表明,在水分匮缺条件下,灌根能促进番茄的生长(生物量和相对生长速率),并表现出更高的水分利用效率及 ROS 导致的氧化失衡的耐受性。这种耐受性与水杨酸、羟基肉桂酰胺信号转导、类胡萝卜素和戊烯醌自由基清除及还原四吡咯生物合成的协同作用相关。Boselli 等[14]研究认为,在葡萄坐果期,叶面定期施用蛋白水解物,每 10 d 施用 1 次(共 3 次),显著降低了葡萄植株的干旱胁迫指数,说明蛋白水解物能够降低气孔导度及蒸腾作用,从而改善对水分胁迫的耐受性,同时增强光合相关蛋白表达和植物生长调控代谢物的积累,并促进叶片衰老的延迟。

蛋白水解物在减轻冷害方面也有报道。当施用动物源蛋白水解物时,生菜植株在 3 个冷胁迫处理下比未处理的植株表现出更高的鲜重,以及更高的气孔导度。此外,PH 在较低温度下可保持较高的膜透性,减少冷源性损害。而施用 4 L/hm^2 动物源蛋白水解物,草莓植株冷胁迫条件下(>-6℃),与对照植株相比,未表现出植株存活率和果实产量的提高。上述结果的差异可能与生菜和草莓试验中不同的蛋白水解物类型、施用方式、施用时间和冷胁迫程度有关。同时,在不利的土壤条件(如高碱度或重金属污染)下,蛋白水解物的应用被认为是实现高产的有效措施。Cerdán 等[15]研究认为,在碱性土壤上灌根施用植物源蛋白水解物可以促进番茄幼生长，并增加了叶片和根系中 FE 还原酶的活性。某些氨基酸（如天冬酰胺、半胱氨酸和谷氨酰胺）和肽类（如谷胱甘肽和植物螯合肽）可以通过金属螯合作用，增强作物对一系列有毒重金属（如 Cu、Zn、As、Cd 和 Ni）的耐受性。

5.6 蛋白质水解物对农产品质量的影响

蛋白质水解物有助于改善农产品的品质，如商品外观（如色泽、口感）、内在营养物质（如糖、维生素、矿物质）及风味化学物质的含量（如酚类化合物、黄酮类化合物、萜类化合物）。此外，蛋白水解物的应用还能减少有害化合物的含量，如硝酸盐和重金属。

蛋白水解物促进农产品品质提升的主要表现包括：①通过光合作用增加碳水化合物供给，农产品固形物增加；②增加了养分吸收和同化能力，涉及多种酶的活性提升，如亚硝酸盐还原酶、硝酸还原酶、谷氨酸合成酶和谷氨酰胺合成酶；③促进了次生代谢，如苯丙氨酸解氨酶（PAL）的活性增强；④减少了植物对重金属和其他污染物的吸收。在温室番茄的试验中，叶面施用豆科植物源蛋白水解物，抗氧化活性（SOD 酶活性）、可溶性固溶体、矿物质元素（K 和 Mg）水平、番茄红素和抗坏血酸等指标提高，果实品质获得提升。Caruso 等[16]研究认为，叶面施用蛋白水解物可使樱桃番茄的干物质、总可溶性固溶体、钾、镁、总酚、抗坏血酸以及番茄红素含量更高，亲脂性抗氧化活性明显高于对照组。在温室小生菜上的应用则表现为增强叶片的抗氧化能力和总抗坏血酸，并且不会增加硝酸盐含量。菠菜上应用蛋白水解物也改善了叶绿素的生物合成，并引起生物活性化合物（总酚和抗坏血酸）含量的增加，同时提高了钾和镁的浓度，且未引起硝酸盐的积累。Parrado 等[17]研究认为，叶面施用经酶处理的蔬菜提取物，与对照植株相比，红葡萄总酚和花青素浓度分别提高了 22% 和 70%。Boselli 等[14]也观察到，在叶片上施用豆科植物蛋白水解物显著增加了浆果的总花青素含量，并显著提高了总可溶性固形物含量，从对照处理的 19.05% 提升至 22.80%。

5.7 结论和未来趋势

综上所述，在逆境胁迫条件下，利用蛋白水解物作为植物生物刺激素可以改善作物的养分利用率、氮素利用率。蛋白水解物对植物生长和代谢的积极作用可归因于多肽和氨基酸，可能还有其他化合物，如植物激素、碳水化合物、酚类等。然而，特定的生物活性化合物之间的因果关系（单独或组合）和作物的反应仍然不为人所知，"组学"科学的使用，才有可能阐明蛋白水解物及其组分的作用模式。在组学技术中，高通量表型技术和代谢组学技术是现阶段最好的评价手段，可以根据植物形态生理特征准确评估蛋白水解物的生物刺激活性，并解释蛋白水解物应用及其组分引发的代谢途径，阐明生物刺激素与植物品种和环境之间的互作关系，是选择最佳农产品产量和品质组合，优化施肥时机、方式和用量的关键。最后，生物刺激素产品和化学投入品（如农药和化肥）之间的相互作用类型也至关重要，将有助于将蛋白水解物应用到更多的农业生产中。

参考文献

[1] Rouphael Y, du Jardin P, Brown P, et al. Biostimulants for Sustainable CropProduction [M]. Burleigh Dodds Series in Agricultural Science, Number 8.

[2] Colla G, Nardi S, Cardarelli M, et al. Protein hydrolysates as biostimulants in horticulture [J]. Scientia Horticulturae, 2015, 196: 28-38.

[3] Rouphael Y, Colla G, Giordano M, et al. Foliar applications of a legume-derived protein hydrolysate elicit dose dependent in-

creases of growth, leaf mineral composition, yield and fruit quality in two greenhouse tomato cultivars [J]. Scientia Horticulturae, 2017, 226: 353-360.

[4] Morales-Pajan J P, Stall W M. Papaya (*Carica papaya*) response to foliar treatments with organic complexes of peptides and aminoacids [J]. Proceedings of the Florida State Horticultural Society, 2003, 116: 30-32.

[5] Cirillo C, Rouphael Y, Pannico A, et al. Application of protein hydrolysate-based biostimulant as new approach to improve performance of beddingplants [J]. Acta Horticulturae, 2018, 1215 (1215): 443-448.

[6] Schiavon M, Pizzeghello D, Muscolo A, et al. High molecular size humic substances enhance phenylpropanoid metabolism in maize (*Zea mays* L.) [J]. Journal of Chemical Ecology, 2010, 36 (6): 662-669.

[7] Colla G, Rouphael Y, Canaguier R, et al. Biostimulant action of a plant-derived protein hydrolysate produced through enzymatichydrolysis [J]. Frontiers in Plant Science, 2014, 5: 448.

[8] Di Mola I, Ottaiano L, Cozzolino E, et al. Plant-based biostimulants influence the agronomical, physiological, and qualitative responses of baby rocket leaves under diverse nitrogenconditions [J]. Plants, 2019, 8 (11): 522.

[9] Colla G, Svecová E, Cardarelli M, et al. Effectiveness of a plant-derived protein hydrolysate to improve crop performances under different growingconditions [J]. Acta Horticulturae, 2013, 1009 (1009): 175-179.

[10] Visconti F, de Paz J M, Bonet L, et al. Effects of a commercial calcium protein hydrolysate on the salt tolerance of Diospyros kaki L. cv. "Rojo Brillante" grafted on Diospyros lotus

L. [J]. Scientia Horticulturae, 2015, 185: 129-138.

[11] Khedr A H A, Abbas M A, Wahid A A A, et al. Proline induces the expression of salt-stress-responsive proteins and may improve the adaptation of *Pancratium maritimum* L. to salt-stress [J]. Journal of Experimental Botany, 2003, 54 (392): 2553-2562.

[12] Ertani A, Schiavon M, Muscolo A, et al. Alfalfa plant-derived biostimulant stimulate short-term growth of salt stressed *Zea mays* L. plants [J]. Plant and Soil, 2013, 364 (1-2): 145-158.

[13] Lucini L, Rouphael Y, Cardarelli M, et al. The effect of a plant-derived biostimulant on metabolic profiling and crop performance of lettuce grown under salineconditions [J]. Scientia Horticulturae, 2015, 182: 124-133.

[14] Boselli M, Bahouaoui M A, Lachhab N, et al. Protein hydrolysates effects on grapevine (*Vitis vinifera* L. cv. Corvina) performance and water stresstolerance [J]. Scientia Horticulturae, 2019, 258.

[15] Cerdán M, Sánchez-Sánchez A, Jordá D, et al. Effect of commercial amino acids on iron nutrition of tomato plants grown under lime-induced irondeficiency [J]. Journal of Plant Nutrition and Soil Science, 2013, 176 (1): 1-8.

[16] Caruso G, De Pascale S, Cozzolino E, et al. Yield and nutritional quality of Vesuvian Piennolo tomato PDO as affected by farming system and biostimulant application [J]. Agronomy, 2019, 9 (9): 505.

[17] Parrado J, Escudero-Gilete M L, Friaza V, et al. Enzymatic vegetable extract with bioactive components: influence of fertilizer on the colour and anthocyanins of redgrapes [J]. Journal of the Science of Food and Agriculture, 2007, 87 (12): 2310-2318.

第6章 壳聚糖及其衍生物在农业上的应用

甲壳素（Chitin）广泛存在于虾、蟹、昆虫的外壳以及菌类、藻类等低等植物细胞壁中，是自然界中产量排列第二的多糖类物质。在温度为120℃时，对甲壳素进行碱性水解1~3 h可获得壳聚糖（Chitosan）。通常把脱乙酰度>70%的甲壳素称为壳聚糖，也称为脱乙酰几丁质、聚氨基葡萄糖和可溶性甲壳素，是天然多糖中唯一的碱性多糖，也是迄今为止发现的唯一阳离子碱性多糖，其学名为(1,4)-2氨基-2-脱氧-8-壳聚糖，结构与纤维素相似，无毒害、无味、易生物降解，不污染环境，且具有良好的吸附性、成膜性、吸湿性等优点。在提倡环境保护和低碳经济的背景下，壳聚糖及其衍生物被广泛应用于农业等领域中。

6.1 壳聚糖衍生物

壳聚糖的结构单元为壳二糖，由氨基葡萄糖缩合而成，在整个大分子链上有较高密度的分子内和分子间氢键使之不溶于水，也不溶于碱溶液，只溶于稀盐酸、硝酸和醋酸等部分有机酸，不溶于稀硫酸和磷酸，这导致它在应用上受到极大限制。基于壳聚糖分子中存在大量羟基和氨基等官能团结构，可通过物理、化学方法引入一些化学基团来改善壳聚糖的理化性质，从而大大拓展了壳聚糖的应用领域。目前壳聚糖衍生物种类繁多，主要包括降解得到的壳寡糖，以及通过烷基化、酰化、交联化、氧化、羧烷基化、接枝共聚、季铵盐化等方式接入其他基团的产物。改性方法主要有化学方法、物理方法和酶催化方法，近年来，利用微波辐射的方法制备壳聚糖衍生物越来越受到化学工作者的青睐[1]。

6.1.1 化学方法制备壳聚糖衍生物

利用化学方法制备壳聚糖衍生物是目前研究和应用最广泛的改性方法，主要特点是所需设备简单。以下简要介绍几种化学改性方法。

6.1.1.1 壳聚糖季铵化改性

壳聚糖之所以能抑菌，大多学者认为可能是 C-2 上氨基在 pH = 6 以下质子化后带了正电荷，与细菌表面作用使其死亡。季铵盐本身具有广谱和较强的抗菌性，在壳聚糖氨基上接枝低分子季铵盐或直接使糖单元上原有的氨基季铵化，有利于克服壳聚糖在碱性环境中不溶性的缺点[2]。为了避免壳聚糖氨基失去聚阳离子性，导致壳聚糖天然抑菌活性被屏蔽，刘新等[3]通过苯甲醛与壳聚糖反应生成壳聚糖-希夫碱，以保护 C-2 上的氨基，进而与 2,3-环氧丙基三甲基氯化铵（ETA）反应，在 C-6 羟基上接枝季铵盐，再在稀盐酸乙醇溶液中进行脱保护处理，合成水溶性 O-羟丙基三甲基氯化铵壳聚糖（O-HACC）。研究表明，此季铵盐壳聚糖对大肠杆菌的最低抑菌浓度（MIC）为改性前壳聚糖的1/4，且发现季铵盐取代度越高，抑菌能力越强。

6.1.1.2 壳聚糖胍化改性

壳聚糖胍盐衍生物是近年来研究得较多的壳聚糖衍生物。胍基化可发生在壳聚糖的羟基或氨基上，有单胍盐也有双胍盐化。壳聚糖胍盐衍生物具有良好的水溶性，制备条件温和。展义臻[4]用壳聚糖和双氰胺成功合成了一种壳聚糖双胍盐酸盐（CGH），并用其对羊毛织物进行处理，结果表明，CGH 可以有效提高羊毛织物吸湿性和褶皱恢复性，还可提高活性染料对织物的上染率，且处理后的羊毛织物断裂强度和断裂伸长略有提高。Hu 等[5]以三氧化硫脲为胍化试剂,成功制备了取代度为 0.3 的壳聚糖单胍硫酸盐。

6.1.1.3 壳聚糖羧化改性

壳聚糖羧基化是增加其水溶性的另一个重要途径。氯化烷酸或乙醛酸可以与壳聚糖上的羟基或氨基进行反应,得到相应的羧基化壳聚糖衍生物。壳聚糖的羧基化可发生在羟基或氨基上,也可同时发生在羟基和氨基上。羧甲基壳聚糖具有良好的水溶性、成膜性和极强的重金属螯合能力,并可用作组织工程材料。王彩霞等对壳聚糖进行羧甲基化改性并成功合成以壳聚糖衍生物为第一配体,Cu(Ⅱ)为中心金属离子,分别以 2-(2-吡啶)苯并咪唑、2-(4-噻唑基)苯并咪唑、2,2'-联二吡啶、咪唑、1,10-邻菲咯啉为第二配体合成壳聚糖衍生物铜三元配合物。截至目前,关于羧甲基壳聚糖制备的报道较多,同时也有学者致力于壳聚糖的羧乙基化修饰研究。如宋庆平等[6]在碱性条件下,通过壳聚糖与丙烯酸的反应,制备出取代度高达 0.76 的羧乙基壳聚糖。

6.1.1.4 原子转移自由基聚合改性

利用原子转移自由基聚合(ATRP)对壳聚糖进行改性是一种较新颖的方法,在工业领域具有广泛的应用前景[1]。常彩萍等以壳聚糖接枝 2-溴丙酰溴形成大分子引发剂,以溴化亚铜与五甲基二乙烯三胺(PMDETA)为催化体系,以氯甲基化甲基丙烯酸二甲氨乙酯季铵盐(DMC)为单体,利用原子转移自由基聚合法制备了水溶性新材料 P(CS-Br-DMC)。研究表明,该材料对金黄色葡萄球菌、白色念珠菌、大肠杆菌都有一定的抑制作用,其中对金黄色葡萄球菌的最小抑菌浓度可达到小于 0.41 mg/mL[7]。

6.1.1.5 壳聚糖其他化学改性

壳寡糖是壳聚糖的一种重要衍生物。通过对壳聚糖进行降解而获得的 2~10 个氨基葡萄糖以 β-1,4-糖苷键连接而成的低聚糖,称作壳寡糖。常用的化学降解方法包括酸水解法、酸-亚硝盐降解法、超临界流体法、氧化降解法、配位降解法和糖转移法。壳聚糖分子上的氨基基团携带有一对孤对电子，易于与卤代烷反应得到相应的 N-烷基化产物，这些衍生物可溶于水、甲醇、丙三醇等溶剂。羧甲基壳聚糖因改性而破坏了壳聚糖原有的半结晶性，削弱了分子间氢键强度，易于进行其他化学反应。黄爱宾等制备了一种胶原-磺化羧甲基壳聚糖/硅橡胶皮肤再生材料，其中的磺化羧甲基壳聚糖并未用传统的 SO_3-DMF 法制备，而是利用 98% 硫酸低温处理法成功制备了磺化 O-羧甲基壳聚糖，该方法有利于产物的分离纯化。亚芳等用反相悬浮法制备甲醛希夫碱壳聚糖微球，以环氧氯丙烷为交联剂固载 β-环糊精，制得一种具有良好抗酸碱性能的壳聚糖衍生物微球，且其对硝基酚有强的吸附效果。磷酸化壳聚糖具有与细胞膜相似的基团结构，有良好的生物特性，在仿生材料、药物运载等方面具有潜在的应用价值。田金花等以甲磺酸为溶剂，P_2O_5 为酯化剂，通过正交设计，优化了壳聚糖磷酸酯的制备条件。壳聚糖本身具有吸附性，与具有优异的离子选择性识别能力的杯芳烃聚合物进行接枝，能够制备出既有吸附能力又有优良离子选择性的聚合物。陈希磊等以 DMF/H_2O 为溶剂，将羧基酰基化的环芳烃四乙酸衍生物与壳聚糖反应 10 h，得到兼具吸附能力与离子选择性的杯芳烃-壳聚糖聚合物，该材料在离子交换与吸附、离子萃取与分离等方面有较好的应用前景。此外，科研人员还研制了多种功能各异的壳聚糖衍生物，如叶酸接枝的聚乙二醇化壳聚糖、歧化松香胺-壳聚糖缀合物、丝氨酸改性的壳聚糖树脂等。尽管这些壳聚糖衍生物的结构复杂多样，但它们的改性过程大多基于壳聚糖分子上的羟基和氨基进行[1]。

6.1.2 物理方法制备壳聚糖衍生物

在物理方法中，辐射法制备低分子量壳聚糖近年来受到化学工作者的广泛关注。该方法具有时间短、产率高、加热均匀、操作简单以及环保节能等优点。舒红英等[8]采用微波辐射技术，以 N,N-二甲基甲酰胺为反应介质，仅用 25 min 便成功制备了取代度为

0.57 的马来酸酐酰化壳聚糖,相比于传统化学加热法,时间大大缩短。Wasikiewicz 等[9]分别探讨了超声波、紫外照射和 γ-射线 3 种方法降解大分子量壳聚糖的效果,在总结出 3 种方法中,γ-射线对壳聚糖的降解是最有效的。蔡红等利用 γ-辐射技术引发壳聚糖与 N-异丙基丙烯酰胺进行接枝共聚,成功制备了接枝率高达 62%、具有良好温度和 pH 敏感性的水凝胶。此外,辐射技术接枝通常无需催化剂和引发剂,产物纯度高,后处理简单,且反应可在常温常压下进行,无污染。然而,从经济角度考虑,化学-辐射联合使用是一种更为经济有效的方法,如 Elkholy[10]采用辐射法结合 $K_2S_2O_8$ 和 $NaHSO_3$ 作为引发剂,以二氧六烷为溶剂,在壳聚糖上接枝了 4-马来酰亚胺基苯甲酸。

6.1.3 酶催化法制备壳聚糖衍生物

研究表明,在 pH 值 6~7 的条件下,利用水解粗酶降解壳聚糖,30℃ 水浴 24 h 可制得聚合度为 6~8 的壳寡糖,并且该方法制得的壳寡糖有良好的热稳定性。此外,利用特种纤维素酶催化水解大分子量壳聚糖,精确控制反应条件,可制得聚合度为 2~12 的壳寡糖,其中聚合度为 5~10 的壳寡糖含量为 60%左右,回收率为 88%。Sang 等利用微生物转谷氨酰胺酶制备了一种新型的壳聚糖-明胶共聚抗菌共聚物。酶作为生物催化剂,具有催化效率高、专一性好、反应条件温和等优点,但与一般催化剂相比,其稳定性差、易失活且价格昂贵,使它在推广应用方面受到比较大的限制。目前,在酶催化制备壳聚糖衍生物方面的实例相对较少。

6.2 壳聚糖的功能

6.2.1 电荷作用

壳聚糖分子中含有多个$-NH_2$,能与水中的质子结合形成$-NH_3^+$

而带正电荷，进而与带负电的微生物膜的 DNA 结合，阻止 RNA 的转录和蛋白质的合成，从而达到杀菌的目的。当病原菌侵入植物体时，壳聚糖与病原菌的核酸结合，对病原菌产生一系列损害和选择性抑制，从而达到限制病原菌繁殖的目的。黎军英等[11]在 PDA 培养基中加入不同浓度的壳聚糖培养桃褐腐病菌（*Monilinia fructicola*），结果表明，当壳聚糖质量浓度为 2 mg/mL 时，桃褐腐病菌的细胞器减少，空腔增多；当质量浓度为 4 mg/mL 时，桃褐腐病菌的细胞遭到严重破坏，主要表现为细胞壁破裂，胞外物质侵入或胞内原生质外泄[12]。赵进成等[13]研究了壳聚糖对烟草黑胫病菌（*Phytophthora parasitica*）的影响，发现壳聚糖处理后烟草黑胫病菌菌丝出现畸变，正常的新陈代谢明显受到影响，细胞壁结构遭到破坏。

6.2.2 屏障作用

向植物组织喷洒壳聚糖溶液，可以起到防护作用。壳聚糖可以在植物表面形成一个物理屏障，隔离病原菌侵入点，防止病原菌向健康组织扩散。同时，被隔离区周围常伴随过敏反应，引发 H_2O_2 积累，诱导植物细胞壁增厚，为其他健康组织提供警示信号[14]。此外，壳聚糖能与不同物质结合，快速启动植物组织的伤害复原反应[15]。

6.2.3 螯合作用

在革兰氏阳性菌的细胞壁中，肽聚糖含量丰富，占细胞干重的 50%~80%，除此之外，还有大量的特殊成分，如磷壁质酸。磷壁质酸的磷酸基团能够吸引二价金属阳离子，特别是 Mg^{2+}、Ca^{2+}，以维持酶的功能和细胞质膜的稳定性[16]。革兰氏阴性菌的细胞壁富含脂多糖，它可以增加细胞膜的负电荷，并对 Mg^{2+}、Ca^{2+} 等阳离子具有很强的亲和力。壳聚糖作为一种螯合剂，当 pH 值<6 时，壳聚糖的质子化-NH_3^+ 基团会与二价金属离子竞争磷壁质酸或脂多

糖分子中的磷酸基团,从而抑制病原体细胞的生长发育[17]。此外,壳聚糖分子中的氨基能够将孤对电子提供给金属离子形成螯合物[18],使其对金属离子表现出优异的螯合性能。如壳聚糖可以螯合细菌和真菌生长所必需的微量元素、金属离子,降低金属离子在细胞表面的浓度,进而干扰正常菌丝的新陈代谢活动。同时,壳聚糖还能与霉菌毒素结合,降低宿主受到毒素的侵害[19]。

6.2.4 载体作用

壳聚糖为阳离子聚合体,且结构中含有活性较高的氨基与羟基,能够通过简单的共价或离子交联而形成纳米微球。1989年,Bodmeier等[20]首次报道了在壳聚糖溶液中加入三聚磷酸钠(tripolyphosphate,TPP)阴离子,利用壳聚糖游离的带正电氨基与TPP阴离子发生离子交联作用,制备出不同纳米尺寸的壳聚糖纳米颗粒。壳聚糖纳米颗粒作为一种新型的农药载体,具有无毒、良好生物兼容性和生物可降解性的特点,可以提高农药的稳定性、分散性,增加农药的吸收与持效时间,提高农药的生物利用度,降低农药毒副作用,因此在农业领域得到了广泛的关注[21]。此外,壳聚糖分子中 C-2 位的氨基反应活性大于羟基,其易发生化学反应,使壳聚糖可在较温和的条件下进行多种化学修饰,如酰化、羟基化、氰化、醚化、烷基化、酯化、酰亚胺化、叠氮化、接枝与交联等反应,形成不同结构和不同性能的壳聚糖衍生物,应用于药物载体或缓释材料领域[22]。

6.3 壳聚糖及其衍生物在农业领域的应用

壳聚糖源自动物、植物及微生物,原料来源广泛,无毒无污染,可生物降解,对环境友好。随着对壳聚糖的深入研究,发现其具有杀菌、杀虫、抗病原真菌和易成膜等特殊功能[23],并对植物根系生长、种子发芽均有良好的促进作用。壳聚糖及其衍生物还能改善土壤，为农作物提供营养物质，其涂层对果蔬也有良好的保鲜作用。在倡导可持续发展农业及生产"无公害"农产品的形势下，壳聚糖及其衍生物在农业方面有广泛的应用前景。

6.3.1 作为植物生长调节剂

壳聚糖作为一种天然多糖，对作物无毒害，对人和动物无伤害，且不会污染环境。用壳聚糖处理作物种子，可提高种子发芽率，增强作物幼苗对外界不利因素的抵抗力，增加苗重，促进植物根系生长，增强光合作用，提高作物产量，改善作物品质，因而可作为植物生长调节剂。El-Sawy 等[24]用 100 mg/L 壳寡糖溶液处理豆类种子，可显著增加发芽率、幼苗高度、生荚率和豆产量。Zeng 等[25]制备了一种独特的壳聚糖种衣剂凝胶，该凝胶克服了传统种衣剂在水中易破损而导致膜内关键有效成分流失的缺点，并在凝胶中加入了聚乙烯醇、赤霉素、谷氨酸、萘乙酸和微量化肥等有助于种子生长的成分。研究表明，这种独特的壳聚糖种衣剂成膜后会有大量微孔，透气性和水渗透性良好，并能持续不断地释放营养物质。壳聚糖分子内的交联作用，也使种衣剂在水稻种子表面形成的膜不易受水破坏。采用自制的 0.10%羧甲基壳聚糖溶液对小白菜种子浸泡 24h，并在此室温（15℃±1℃）下进行萌发试验，结果显示，处理后的种子发芽势头好，活力指数高于空白对照，芽长、根长也都有所提高。崔健等在苹果幼苗的营养液中加入甲壳素后，观察到幼苗叶片的光合参数、活性氧水平、叶绿素含量及脯氨酸含量均显著增加，有效减轻了干旱胁迫对光合作用的不利影响。有研究者采用包含稀土元素钕、微量元素与壳寡糖的混合溶液对菠菜苗进行喷洒处理，60 d 后对菠菜的各项指标进行测试，结果表明，用该溶液处理的菠菜苗不仅产量提高，而且其中对人体有害的硝态氮和草酸含量显著降低。用羟丙基壳聚糖处理过的小麦幼苗，其碳氮代谢、抗性和光合作用明显增强，但羟丙基壳聚糖能否作为麦类作物的生长调节剂还需要进一步研究。刘正华等[26]应用壳聚糖与

Cu、Mn、Fe、Zn 等金属离子的配合物处理玉米种子及幼苗，发现这些配合物均有利于提高玉米幼苗叶片中 SOD 酶活性，降低由盐害胁迫引起的超氧阴离子自由基的氧化胁迫，特别是在壳聚糖-Cu 配合物作用下，玉米幼苗中脯氨酸含量由空白时的 1 684 μg/g 降至 913 μg/g，表明该配合物能显著提高玉米幼苗的耐盐性。此外，还有报道指出，用甲壳素膜涂布于树皮创伤处，可加速树伤口愈合速度至原来的 4 倍[27]。这一作用归因于甲壳素被植物伤口吸收后，能在植物体内激发苯丙氨酸脱氨酶，并使木质素在伤口处加快形成，从而促进了伤口的愈合。

6.3.2 作为农用药物

多年来，农业上对处理病虫害的手段主要以施用化学农药为主，这不仅造成植物本身抗病能力的下降，更破坏了生态环境。而壳聚糖能通过激活植物抗性基因表达起到防虫害作用，提高植物自身的抵抗力，在解决化学农药不足方面有重大意义。用壳聚糖及其衍生物处理作物种子可提高其幼苗抗病酶活性，有效增强了植物从发芽到幼苗生长过程中对病害的抵御能力，提高作物成活率。据报道，壳聚糖能诱导植物产生一系列防御反应而增强自身抗病性，提高植物甲壳素酶、苯丙氨酸解氨酶、过氧化物酶活性，产生植保素，在伤口处合成木质素，加厚细胞壁，阻碍病菌穿透。扈学文等采用平均分子量分别为 3 000 Da、5 000 Da 和 10 000 Da 的 0.3% 壳聚糖溶液处理黑麦种子，并对其幼苗中过氧化酶、几丁质酶、β-1,3-葡聚糖酶、苯丙氨酸解氨酶进行测定，结果表明，这些与植物抗病毒有关的酶在幼苗体内的含量均显著提高，而且幼苗的叶绿素和可溶性蛋白含量也相应提高。张宓等试验证明壳低聚糖对棉花枯萎病、棉花黄萎病、棉花立枯病、芦笋茎枯病、梨黑斑病、水稻纹枯病、小麦赤霉病以及黄瓜炭疽病和油菜菌核病等多种重要植物病害的病原菌均表现出较好的抑制效果[28]。壳聚糖及其衍生物不仅具备一定的抑菌活性，对某些害虫也同样具有杀灭作用。据报道，壳聚糖对鳞翅目、同翅目害虫、菜蛾科、夜蛾科和小型害虫（如蚜虫）均表现出一定的杀虫活性。尽管其活性尚不及传统农药，但壳聚糖仍可作为部分替代杀虫剂或作为杀虫剂的增效成分使用。近年来，随着壳聚糖研究的不断深入，将壳聚糖作为农药微胶囊剂壁材的研究成为热点之一。这一方面的研究仍处于初步阶段，目前很少有对这一方面研究成果的报道。

6.3.3 作为农用肥料

当前市面上出售的壳聚糖叶面肥，利用壳聚糖的成膜性让其附着在作物叶面，促进植物通过叶片快速持续地吸收营养，来提高作物产量。任娜的研究显示，对生长期中的烟草喷洒壳聚糖叶面肥后，相较于未施用该叶面肥的烟草，总产量显著增加，且一级烟草的产量比例增加，而三级烟草产量比例则明显减少，表明壳聚糖叶面肥能够优化烟草的经济性状。El-Tantawy[29]用壳聚糖、氮肥和普通有机肥混合后施用于种植番茄的田地中，结果发现这一混合肥料不仅显著提高了番茄产量，还减少了病虫害的发生。鉴于传统肥料多为水溶性，在土壤中容易流失、分解或固定，导致养分利用率大大降低，不仅造成经济上的损失，也污染了宝贵的水资源。因此，提高肥料利用率成为全球亟待解决的问题。而缓释/控释肥料的研究正是解决以上问题的重要途径之一。近年来在开发缓释肥料的研究中，壳聚糖被视为具有开发潜能的原料之一。壳聚糖可作为具有适当孔径的包膜材料，有效控制肥料的释放，同时在完全降解过程中释放大量 C、N 元素，促进土壤有益菌群生长，起到改良土壤的作用。陈强等以壳聚糖、聚乙烯醇、淀粉为基本原料，结合交联剂甲醛、增塑剂甘油以及稳定剂氯化铵，通过交联反应制备了具有良好缓释效果的可生物降解的壳聚糖肥料包膜材料。吴文祥[30]以壳聚糖为材料包埋磷酸氢二钠，通过研究微球对磷元素的缓释规律，证明该微球基本符合缓释肥料的制作标准。

6.3.4 作为果蔬保鲜剂

果蔬采摘后,由于生理成熟过程的影响,其质地趋于软化,导致硬度降低,给运输带来困难,品质、营养价值下降,对细菌的抵御能力也随之减弱。因此,怎样对果蔬进行保鲜长期受到人们的关注。壳聚糖具有成膜性,不仅对人体无害,还具有生理保健作用,其对果蔬的保护作用越来越得到人们的肯定。将壳聚糖涂覆于果蔬表面,可减少果蔬蒸腾作用,而且对气体有一定的选择渗透作用,能阻挡外界 O_2 进入膜内,提高果蔬组织内 CO_2 浓度,减少乙烯释放,从而降低果蔬呼吸代谢强度,减缓果蔬熟化,达到保鲜目的。侯怀恩等[31]用壳聚糖与水杨酸反应生成的接枝物制成 1.5% 的醋酸溶液对草莓果实进行涂抹处理,结果表明,该壳聚糖接枝物显著降低了草莓的腐烂指数和失重率,并保持了果实中维生素 C 的含量。此外,用碘化壳聚糖-淀粉复合膜处理杧果,表现出良好的透明性,能延长杧果保质期 4~6 d。王和才采用羧甲基壳聚糖结合丙二醇、聚乙烯醇和尼伯金丙酯制备的 HCF 保鲜剂,对橘子进行涂膜处理,自然状态下贮藏 3 个月后,橘子的失重率、维生素 C 含量、果汁率、总酸度和腐烂率等指标均优于常规贮藏方法。用壳聚糖稀土复合物给黄瓜涂膜,复合膜对黄瓜不仅具有良好的保鲜作用,而且对毒死蜱农药降解率可达 73% 以上。另外,壳聚糖具有抗菌性,因而对果蔬具有一定的防腐作用。Bautista-Banos 等[32]用不同浓度的壳聚糖溶液分别配合南美洲番荔枝叶、番木瓜叶及其种子提取液,浸泡注射了蔬菜炭疽病原菌的番木瓜风干,7 d 后发现浓度为 2.5% 和 3.0% 的壳聚糖溶液能完全抑制炭疽病菌的生长,且在储藏中不会对木瓜的品质产生不良影响。李成华等[33]分别以壳聚糖季铵盐、羧甲基壳聚糖、N-取代羧甲基壳聚糖作为膜主剂,配合其他成膜助剂对双孢蘑菇进行涂膜,通过测试和对比,发现 3 种壳聚糖衍生物对蘑菇均有良好的保鲜作用,且 N-取代羧甲基壳聚糖的涂膜效果最佳。壳聚糖及其衍生物在农业上的应用研究尚处于初级阶段，目前还未规模化地应用到农业生产当中。要实现这一目标，需要加强以下几个方面的研究：①在进行壳聚糖改性时，要努力简化操作程序、减少反应时间、提高产率、降低其生产成本；②以揭示其作用机制作为突破口，优化壳聚糖杀虫剂及抗菌剂的组成和结构，进而提高其活性；③加强壳聚糖农作物肥料、植物生长抗逆剂的植物生理学研究，以明确作用机理，进而优化其配方和结构。

参考文献

[1] 陈佳阳，乐学义．壳聚糖及其衍生物在农业上的应用[J]．化学研究与应用，2011，23（1）：1-8．

[2] Sajomsang W, Tantayanon S, Tangpasuthadol V, et al. Synthesis of methylated chitosan containing aromatic moieties: Chemoselectivity and effect on molecularweight [J]. Carbohydrate Polymers, 2008, 72 (4): 740-750.

[3] 刘新，陈海相，陈维国．O-季铵盐壳聚糖的合成、表征及抗菌性研究[J]．浙江理工大学学报，2009，26（5）：677-681．

[4] 展义臻，赵雪，乔真真．壳聚糖双胍盐酸盐的合成及其在羊毛织物染色上的应用[J]．现代纺织技术，2010（1）：8-13．

[5] 周天韡，唐文琼，沈青．壳聚糖改性技术的新进展Ⅰ．烷基化、酰化以及接枝化改性[J]．高分子通报，2008（11）：54-65．

[6] 宋庆平，王崇侠，丁纯梅．羧乙基壳聚糖的合成及表征[J]．化学研究与应用，2010，22（6）：774-776．

[7] 常彩萍，宋玉民，栾尼娜，等．原子转移自由基聚合法改性壳聚糖及其抑菌性研究[J]．化学研究与应用，2010，22

(3): 306-310.

[8] 舒红英,戴玉华,丁教,等.马来酸酐接枝壳聚糖的微波法合成及其吸附性能[J].南昌航空大学学报(自然科学版),2008,22(4):64-67.

[9] Wasikiewicz J M, Yoshii F, Nagasawa N, et al. Degradation of chitosan and sodium alginate by gamma radiation, sonochemical and ultraviolet methods [J]. Physical Chemistry Chemical Physics, 2005, 7 (5): 287-295.

[10] Sang L Y, Zhou X H, Yun F, et al. Enzymatic synthesis of chitosan - gelatin antimicrobial copolymer and itscharacterisation [J]. Journal of the Science of Food and Agriculture, 2010, 90 (1): 58-64.

[11] 黎军英,李红叶.壳聚糖对桃褐腐病菌的抑菌作用[J].电子显微学报,2002,21(2):138-140.

[12] 罗志会,刘慕兰,张海军,等.壳聚糖在植物病害防治方面的研究[J].农业装备技术,2015,41(6):10-15.

[13] 赵进成,蒋冬花,杨宝峰,等.壳聚糖对烟草黑胫病菌抑制作用[J].上海交通大学学报(农业科学版),2008,26(3):204-207.

[14] 张璐,曾凯芳.采后壳聚糖处理对果实-病原菌互作中形态结构的影响[J].食品科学,2013,34(11):305-310.

[15] Hirano S, Nakahira T, Nakagawa M, et al. The preparation and applications of functional fibres from crab shellchitin [J]. Journal of Biotechnology, 1999, 70 (1/2/3): 373-377.

[16] Elsenhans B, Blume R, Lembcke B, et al. A new class of inhibitors for in vitro small intestinal transport of sugars and amino acids in therat [J]. Biochimica et Biophysica Acta, 1983, 727 (1): 135-143.

[17] Vaara M. Agents that increase the permeability of the outermem-

brane [J]. Microbiological Reviews, 1992, 56 (3): 395-411.

[18] Zienkiewicz-Strzałka M, Deryło-Marczewska A, Skorik Y A, et al. Silver nanoparticles on chitosan/silica nanofibers: characterization and antibacterial activity [J]. International Journal of Molecular Sciences, 2019, 21 (1): 166.

[19] Bornet A, Teissedre P L. Chitosan, Chitin-glucan and chitin effects on minerals (iron, lead, cadmium) and organic (ochratoxin A) contaminants in wines [J]. European Food Research and Technology, 2008, 226 (4): 681-689.

[20] Bodmeier R, Chen H G, Paeratakul O. A novel approach to the oral delivery of micro-ornanoparticles [J]. Pharmaceutical Research, 1989, 6 (5): 413-417.

[21] 梁文龙. 壳聚糖纳米农药的构建及其生物应用研究 [D]. 广州: 华南农业大学, 2018.

[22] 杨新超, 赵祥颖, 刘建军. 壳聚糖的性质、生产及应用 [J]. 食品与药品, 2005, 7 (8): 59-62.

[23] Cárdenas G, Díaz V M, Meléndrez F, et al. Colloidal Cu nanoparticles/chitosan composite film obtained by microwave heating for food packageapplications [J]. Polymer Bulletin, 2009, 62 (4): 511-524.

[24] Naeem M El-Sawy, Hassan A Abd El-Rehim, Ahmed M Elbarbary, et al. Radiation-induced degradation of chitosan for possible use as a growth promoter in agricultural purposes [J]. Carbohydrate Polymers, 2010, 79 (3): 555-562.

[25] Zeng D F, Shi Y F. Preparation and application of anovel environmentally friendly organic seed coating forrice [J]. Journal of the Science of Food and Agriculture, 2009, 89 (13): 2181-2185.

[26] 刘正华,乐学义,陈实.壳聚糖 Cu(Ⅱ),Mn(Ⅱ)配合物对玉米种子发芽和幼苗耐盐性的影响[J].中国农学通报,2010(7):169-173.

[27] Majeti N V, React K. A review of chitin and chitosanapplications [J]. Functional Polymers, 2000, 46 (1): 1-27.

[28] 张宓,谭天伟,袁会珠,等.壳聚糖杀虫与壳低聚糖抑菌活性研究[J].北京化工大学学报(自然科学版),2003,30(4):13-16.

[29] El-Tantawy E M. Pak. Behavior of tomato plants as affected by spraying with chitosan and aminofort as natural stimulator substances under application of soil organicamendments [J]. Journal of Biological Sciences, 2009, 12 (17): 1167-1173.

[30] 吴文祥,王海斌,曾聪明,等.壳聚糖缓释元素的初步研究[J].农产品加工(学刊),2007(10):38-40,52.

[31] 侯怀恩,侯益民,李雪菊.壳聚糖接枝水杨酸对草莓的保鲜作用[J].河南科学,2009,27(12):1533-1535.

[32] Bautista-Baños S, Hernández-López M, Bosquez-Molina E, et al. Effects of chitosan and plant extracts on growth of colletotrichum gloeosporioides, anthracnose levels and quality of papayafruit [J]. Crop Protection, 2003, 22 (9): 1087-1092.

[33] 李成华,张永丹,刘吟,等.3种壳聚糖衍生物涂膜保鲜双孢蘑菇的研究[J].中国食用菌,2009,28(4):54-57.

第7章 根际促生细菌（PGPR）对作物的生物刺激作用

7.1 简介

植物根为细菌提供了良好的生态位，能在植物根际持续稳定地定植、受植物影响的细菌称为根际细菌（Rhizobacteria），植物根际细菌具有丰富的遗传多样性，种群密度比非根际土壤高100倍，多达15%的根面可能被各种细菌的微菌落（microcolonies）所定植。细菌利用植物释放的营养物质（如根分泌物、裂解物）进行生长繁殖，同时合成代谢产物分泌到根际。有些代谢产物作为信号转导化合物（signalling compounds）被相同微菌落的邻近细胞、其他细菌细胞或宿主植物细胞所感知。1978年，美国奥本大学的Kloepper[1]首次提出植物根际促生细菌（plant growth-promoting rhizobacteria，PGPR）的概念。PGPR是一群定植于植物根际、与植物根密切相关的根际细菌，当它们被接种于植物种子、根系、块根、块茎或土壤中时，能够促进植物的生长。PGPR是自生细菌，虽然某些菌株能够侵入植物组织，但并不引发明显的侵染症状。PGPR不包括与植物形成共生结构的根瘤菌（rhizobia）和弗兰克氏菌（Frankia），因为它们的共生固氮作用不属于PGPR的促生作用范畴。联合固氮菌则属于PGPR的类别，某些根瘤菌在非豆科植物上展现出促生作用时，也可被视为PGPR。PGPR通过一种或多种促生机制直接或间接地促进植物的生长，这些促生机制包括：对植物的直接刺激作用，增强植物对养分的吸收能力，抑制植物病害的发生以及诱导植物产生系统抗性等。直接促生作用包括产生刺激性的植物激素、挥发性化合物（volatiles）以及 ACC 脱氨酶等，这些物质能够降低植物体内的乙烯水平，改善植物的营养状况（如促进难溶性磷、钾和微量元素的释放，以及非共生固氮等），并刺激植物产生诱导系统抗性（induced systemic resistance, ISR）。而间接促生作用则包括产生抗生素、抗菌蛋白或铁载体等以减轻病害，促进有益的共生作用（如根瘤和菌根的形成），以及降解农药等生物外源性物质。在大多数研究中，一种 PGPR 通常通过多种作用模式促进植物的生长。过去 40 年间，PGPR 研究一直是农业微生物学、植物病理学领域的热点之一。每 3 年举办 1 次的 PGPR 国际学术研讨会反映了人们对这一研究的持续、广泛关注。众多来自不同学科领域的科学家、企业积极参与其中，从不同角度和层面开展了范围广泛而深入的研究。

7.2 PGPR 菌株筛选及田间应用效果

经过几十年的发展，PGPR 得到了广泛研究，已经发现的 PGPR 主要包括固氮螺菌属（Azospirillum）、固氮菌属（Azotobacter）、葡糖醋杆菌属（Gluconacetob-acter）、假单胞菌属（Pseudomonas）、芽孢杆菌属（Bacillus）、伯克霍尔德氏菌属（Burkholderia）、沙雷氏菌属（Serratia）、链霉菌属（Streptomyces）、白粉寄生菌属（Coniothyrium）、欧文氏菌属（Erwinia）、黄杆菌属（Flavobacterium）、农杆菌属（Agrobacterium）以及木霉属（Trichoderma）等。其中，部分种类已成功实现商业化应用，如假单胞菌属、芽孢杆菌属、固氮菌属、克雷伯氏菌属（Klebsiella）和沙雷氏菌属。依据其在根际微生物群落中的位置，PGPR 可分为胞内 PGPR（intracellular PGPR, iPGPR）和胞外 PGPR（extracellular PGPR, ePGPR）。此外，还可根据 PGPR 功能的不同将其分为固氮菌、溶磷菌、解钾菌、产铁载体菌等。

芽孢杆菌因其独特的芽孢形成能力，能够在多种不利环境中存活，成为研究最广泛、最深入的植物根际促生细菌之一。枯草芽孢杆菌（*B. subtilis*）广泛存在于多种植物的根际土壤中，通过产生伊枯草菌素 A 等抗生素来抑制由镰刀菌（*Fusarium*）和丝核菌（*Rhizoctonia*）等引起的植物枯萎病、猝倒病等土传真菌性病害[2]。解淀粉芽孢杆菌（*B. amyloliquefaciens*）IN937a 和短小芽孢杆菌（*B. pumilus*）IN937b 的混合菌剂在田间条件下能够使番茄（*Lycopersicon esculentum*）产生对由小核菌（*Sclerotium rolfsii*）引起的根枯病的诱导系统抗性；辣椒（*Capsicum annuum* var. *acuminatum*）产生对炭疽病（Colletotrichum gloeosporioides）的诱导系统抗性（induced systemic resistance，ISR）以及黄瓜（*Cucumis sativus*）对花叶病毒（CMV）的诱导系统抗性[3]。巨大芽孢杆菌（*B. megaterium*）KL39 对胡椒疫病以及多种作物的土传真菌病害具有良好的防治效果。地衣芽孢杆菌（*B. licheniformis*）、蜡样芽孢杆菌（*B. cereus*）、*B. lentimorbus* 通过产生抑制性挥发性物质（volatile substances）和多种水解酶类等，有效抑制马铃薯块茎的干腐病。*B. vallismortis* EXTN-1 使马铃薯等植物产生诱导系统抗性，提高其抵抗 PVY 和 PVX 病毒的能力，并促进叶绿素含量的增加。*B. koreensis* BR030 是一株从柳树根际分离的 PGPR 菌株。此外，短短芽孢杆菌（*Brevibacillus brevis*）、*Paenibacillus lautus*、嗜热芽孢杆菌（*B. stearothermophilus*）、解淀粉芽孢杆菌（*B. amyloliquefaciens*）、枯草芽孢杆菌（*B. subtilis*）、*B. firmus*、*B. mycoides*、*B. circulans* 等菌种均对蓝桉树（*Eucalyptus globulus*）插条的生根及细根生长发育具有显著的促进作用。从水稻根际分离筛选出的新型植物根际促生细菌 CBMB205T，不同于已有的芽孢杆菌，经分类研究后被确认为新种 *B. methylotrophicus*。*B. thioparus* NII-0902 是从印度西部森林分离的一株 PGPR，表现出多种植物促生活性，包括溶磷能力、产生吲哚乙酸（IAA）、铁载体的合成以及氢氰酸（HCN）的释放。*B. simplex* RC19 是一株能产生吲哚乙酸的 PGPR，在处理猕猴桃插

第7章 根际促生细菌（PGPR）对作物的生物刺激作用

条时，显著促进了其生根及根系生长。蜡样芽孢杆菌（*B. cereus*）L254、*B. simplex* L266 和 *Bacillus* sp. L272a 产生的挥发性有机化合物（VOCs）能够促进拟南芥根系、生长，改变根系构型[4]。

类芽孢杆菌（*Paenibacillus*）同样是植物根际普遍存在的一类芽孢杆菌。报道最多的是多黏类芽孢杆菌（*P. polymyxa*），已从玉米、小麦、大麦、白三叶、黑麦草、冰草、绿豆、大蒜、辣椒、烟草、黑松、花旗松等多种植物根际中发现许多促进植物生长、抑制土传植物病害或具有生物修复作用的多黏类芽孢杆菌 PGPR 菌株。部分多黏类芽孢杆菌（*P. polymyxa*）菌株展现出生物固氮能力，产生 IAA、细胞分裂素等植物激素以及噬菌素、多黏菌素、多肽素等抗生素，并能引起植物产生诱导系统抗性（induced system resistance, ISR）或诱导系统耐受性（induced system tolerance, IST）。*Paenibacillus alvei* K165 分离自番茄根际，对黄萎病菌微菌核（*Verticillium dahliae* microsclerotia）有抑制作用。*Paenibacillus* sp. B2 产生的抗真菌脂多肽能诱导蒺藜苜蓿（*Medicago truncatula*）对锐顶镰孢菌（*Fusarium acuminatum*）的系统抗性。用不同浓度的泛霉素处理苜蓿根 24 h，低浓度（1 μmol/L）的泛霉素即可诱导苜蓿的防卫反应。利用半定量 RT-PCR 技术检测蒺藜苜蓿根部的基因表达情况，结果显示，与植物抗毒素生物合成基因、抗真菌活性相关基因的表达大幅上调。最新研究中，报道了一类新的类芽孢杆菌种 *P. riograndensis* sp. nov，其模式菌株 SBR5^T 分离自小麦根际，不仅具有固氮能力，还能产生吲哚乙酸和铁载体[5]。

假单胞菌（*Pseudomonads*）是植物根际广泛存在的一类革兰氏阴性细菌，假单胞菌 PGPR 的研究最为广泛深入，已经从各种植物根际中分离筛选了大量具有植物促生和生防作用的假单胞菌。荧光假单胞菌（*P. fluorescens*）和恶臭假单胞菌（*P. putida*）在处理马铃薯（*Solanum tuberosum* L.）种块后，可使土豆增产 14%~33%。荧光假单胞菌对萝卜种子（*Raphanus sativus* L.）的浸种处理也显著增加了萝卜的鲜重。用 7 株荧光假单胞菌接种甜菜（*Beta vulgaris* L.）进行田间试验，观察到甜菜幼苗、成熟根系及总糖产量均有显著增加。此外，在不同类型的土壤上进行的温室试验也证实了这些菌株能显著提高玉米的茎干重。部分假单胞菌分离物表现出良好的溶磷或解磷效果，例如，恶臭假单胞菌和 *P. mendocina* 的某些菌株能以肌醇六磷酸为唯一碳源和磷源进行生长。某些荧光假单胞菌能产生高活性的植酸酶（phytase），对肌醇六磷酸的分解率高达 81%。在田间试验中，接种具有溶解过磷酸钙活性的 *Pseudomonas* sp. 24 后，60 d 内玉米株高显著增加，莴苣茎鲜重也提高了 18%。假单胞菌对植物的有益影响主要归功于其促进植物生长和防治植物病害的作用。恶臭假单胞菌 GR12-2 产生的吲哚乙酸显著促进了莴苣（*Brassica rapa*）根系的发育，而使用 IAA 缺失突变株进行实验时，莴苣根的长度比野生型处理降低了 35%~50%。IAA 可能直接促进植物细胞的伸长和分裂，或间接影响细菌自身的氨基环丙烷羧酸（ACC）脱氨酶活性。ACC 是植物合成乙烯的直接前体，而 GR12-2 等菌株能通过产生 ACC 脱氨酶来分解 ACC，降低植物体内乙烯水平，从而解除乙烯对植物生长的抑制作用。荧光假单胞菌 G20-18 菌株产生大量的细胞分裂素（包括异戊烯基腺苷、反玉米素核苷和双氢玉米素核苷）。利用细胞分裂素合成缺失突变株进行的实验证实了 G20-18 菌株产生的细胞分裂素在其植物促生能力中的重要作用。

许多假单胞菌具有良好的生物防治效果。荧光假单胞菌和恶臭假单胞菌是镰刀菌枯萎病（fusarium wilts）生物防治的主要候选菌株。产生抗生素、铁载体和氢氰酸（HCN）等代谢产物是假单胞菌主要的生防机制。铜绿假单胞菌（*P. aeruginosa*）PAO1 产生的 HCN 能够杀死秀丽杆线虫（*Caenorhabditis elegans*）。此外，许多假单胞菌还能刺激植物产生诱导系统抗性（ISR），提高植物抵抗各种病虫害的能力。在加拿大，假单胞菌（*Pseudomonas* spp.）已被开发成用于温室水培系统控制腐霉病（Pythium disease）的生物防治制剂。在春季黄瓜种植中，与对照相比，接种 P. corrugata 13 和荧光假单胞菌 15 菌株，可上市黄瓜产量提高了 88%；而在秋季黄瓜种植中，由于高温导致病害严重，用这两个菌株接种处理的可上市黄瓜产量比对照提高了 600%。在未发病情况下，荧光假单胞菌 15 菌株也能显著提高黄瓜产量。此外，恶臭假单胞菌还能有效抑制由 Helminthosporium solani 引起的马铃薯银翘病[6]。

大量温室和大田试验结果表明，许多 PGPR 菌株在温室、大田条件下表现出明显的促进植物生长、防治土传病害、提高植物对非生物胁迫的抗逆性、促进土壤生物修复等效果。PGPR 是解决作物连作障碍（重茬病）问题的有效途径之一。

7.2.1 PGPR 在植物根界面的定植

位于根表皮的细菌通常被一层黏液层（mucigel layer）所覆盖。采用改进的扫描电镜技术，使这层黏液层呈现半透明状态，从而能够观察到根面上的细菌。通过不同颜色的荧光蛋白（green fluorescent protein，GFP）基因标记，实现了不同菌株所有细胞的可视化。单胞菌系统（monoaxenic system）的建立，推动了根面微生物定植机制的研究。选取一株具有强根面定植能力的荧光假单胞菌（P. fluorescens）WCS365 作为模式菌株，利用一种或两种细菌包被种子或幼苗，随后种植于单胞菌系统的无菌沙土中无碳源的植物营养液中，以根分泌物作为唯一碳源，培养 7 d 后，分析不同根段表面的细菌定植情况。结果显示，不同根段表面 WCS365 数量分布差异较大，靠近根基部的根面细菌数量高达 10^6 CFU/cm，而根尖附近的根面则只有 $10^2 \sim 10^3$ CFU/cm。这一菌数变化的时间进程表明，WCS365 首先在种皮表面增殖，随着根的不断延伸，细菌逐渐定植于根面。这些细菌由单个细胞生长繁殖形成小菌落（microcolonies），多个小菌落进一步构成生物膜，生物膜通常由多层细菌组成，且被黏液层（mucous layer）覆盖。采用 monoaxenic 系统鉴定了与细菌在根尖竞争性定植相关的基因及特性。将WCS365野生型菌株与非营养缺陷的Tn5随机转座突变株进行根尖定植对比试验。结果显示，在沙土培养试验中表现定植能力缺陷的突变株，在盆栽试验中也表现出相同的特性。对突变株进行遗传学和生理学分析发现，影响番茄根尖主要竞争性定植特性的因素包括：运动性（motility）；对根的附着能力（adhesion to the root）；依赖根分泌物的高生长速率（high growth rate in root exudate）；氨基酸、尿嘧啶和维生素B_1的合成能力；脂多糖O-抗原侧链的存在；ColR/ColS双组分感应系统；腐胺吸收系统的精细调节（fine-tuning of putrescine uptake system，特别是突变株中 pot 操纵子的缺损）；位点专一性重组酶Sss或XerC；nuo 操纵子（NADH，泛醌氧化还原酶缺陷）；与蛋白分泌途径相关的 secB；以及Ⅲ型分泌系统（TTSS）[7]。

运动性和对根分泌物（root exudate）的趋化性（chemotaxis）是细菌重要的定植特性。研究表明，番茄根分泌物中WCS365的主要化学引诱物（chemoattractants）是氨基酸（尤其是L-亮氨酸）和二羧酸（dicarboxylic acids）。糖类并未表现出化学引诱物活性。在番茄根际，苹果酸和柠檬酸在一定程度上也可能是该菌株的重要化学引诱物。在拟南芥（Arabidopsis thaliana）的根分泌物中，苹果酸内酯（L-malate）似乎是生防枯草芽孢杆菌（B. subtilis）FB17菌株的主要化学引诱物（chemoattractant）[8]。当与野生型菌株同时培养时，WCS365的ColR/ColS双组分系统缺失的番茄根竞争性定植突变株在根分泌物中的生长速率受到明显影响。此外，该突变株对能与脂多糖（LPS）特异性结合的抗生素多黏菌素B高度敏感；与野生型菌株相比，突变株对其他供试抗生素的耐药性则更高。colR/colS 基因对位于下游的甲基转移酶/wapQ 操纵子具有调控作用。甲基转移酶基因和磷酸酶基因的单个突变均能会导致竞争性定植能力受损；wapQ 编码可能的庚糖磷酸酶。据此推测，甲基转移酶和磷酸酶对LPS具有修饰作用，影响其与外膜空蛋白的相互作用。LPS甲基、磷酸基团的缺乏导致膜孔径缩小。突变株LPS的修饰解释了其在根分泌物中低生长速率和竞争性定植能力受损以及对多黏菌素 B（polymyxin B）更敏感的原因。荧光假单胞菌 SBW25 的 *TTSS hrcD* 和 *hrcR* 双突变株在番茄根尖定植能力方面受损，而单个突变则不受影响。由于突变株在种子和根上的吸附能力并没有受到影响，据此推测，SBW25 的 TTSS 可能通过其针状物推进至植物根皮层细胞的细胞质中吸取植物汁液。事实上，中空针状物的注射可能是 TTSS 的第一功能。TTSS 在根际竞争中发挥作用这一结论与其他研究结果是一致的，例如，当 *hrcC* 发生突变时，恶臭假单胞菌 KD 对番茄（*Fusarium*）和黄瓜（*Pythium*）的生防能力就会丧失。鉴于许多基因似乎与细菌在根系的竞争性定植有关，对于竞争性定植基因及特性的研究任务艰巨，这要求采用基因组学方法，以对细菌在植物根系定植进程有更加全面深入的理解。

7.2.2 PGPR 的直接促生机制

7.2.2.1 提供植物营养物质

（1）生物固氮作用。氮是植物必不可少的生命元素，参与氨基酸、蛋白质、叶绿素、激素等物质的构成。PGPR 通过矿化作用和硝化作用将植物难以直接利用的有机氮转化为可吸收的硝态氮（NO_3^-）和铵态氮（NH_4^+）。PGPR 将环境中的氮气转化成铵态氮的方式主要包括共生固氮、联合固氮以及自生固氮 3 种方式。共生固氮是指根瘤菌与豆科植物形成共生体，从而达到固氮效果，也可以通过非共生固氮中的联合固氮形式，以根际分泌物作为能源固定氮为植物所利用，或是通过不依附植物的自生固氮的形式帮助固氮。在氮素贫瘠的土壤上，根际联合固氮菌为植物提供氮素营养。在非豆科作物根际，普遍存在联合固氮菌，如固氮螺菌（*Azospirillum* sp.）、固氮弓菌（*Azoarcus* sp.）、固氮菌（*Azotobacter* sp.）、多黏类芽孢杆菌（*P. polymyxa*）、伯克霍尔德菌（*Burkholderia* sp.）、草螺菌（*Herbaspirillum* sp.）等。值得注意的是，大量研究证实，联合固氮菌对植物生长的促进作用，主要是由于这些固氮菌能够促进植物根系发育,以及增强植物对水分和矿质养分的吸收利用能力。

(2) 提高植物根际养分的可利用性。①促进可溶性磷的释放。植物生长过程中对磷的需求量仅次于氮,土壤中 20%~80% 的磷为有机磷,需转化为无机磷才能被植物吸收利用。而土壤中的无机磷会与钙、镁、铁、铝等元素结合,形成不溶物被固定在土壤中,影响植物吸收。PGPR 中的溶磷微生物可通过酸化、螯合和交换反应,将不溶性磷转化为可溶性磷并释放到土壤中,供给植株吸收利用,促进植物生长。PGPR 中具有溶磷作用的微生物种类十分丰富,土壤中常见的溶磷微生物包括芽孢杆菌、假单胞菌、肠杆菌属(Enterobacter)、伯克霍尔德氏菌、青霉(Penicillium)、曲霉(Aspergillus)和链霉菌(Streptomyces)等。②促进植物对铁离子的吸收。土壤中的铁主要以难溶性的 Fe^{3+} 形式存在,难以被植物吸收利用。有研究表明,某些 PGPR 产生的铁载体(siderophores)能够螯合三价铁离子,形成 Fe^{3+}-铁载体复合物,许多植物具有吸收 Fe^{3+}-铁载体复合物的能力。在石灰性土壤上,细菌铁载体螯合铁对于植物的铁营养是至关重要的。

(3) 增强其他有益的共生作用。PGPR 常作为"助手"细菌协同促进其他有益的共生关系,主要包括促进豆科植物-根瘤菌之间的共生和促进植物-菌根真菌之间的共生。

(4) 复合促生作用。多数情况下,一个 PGPR 菌株同时具备多种促生作用;在相同植物根际,也常存在多种具有不同促生作用的 PGPR。

7.2.2.2 产生植物生长调节物质(Phytostimulators)

研究表明,多种 PGPR 通过产生植物激素、ACC 脱氨酶、挥发性物质等促进植物生长。许多 PGPR 菌株能够促进植物根生长、改变根形态,增加根长度、根毛数、侧根数、重量及表面积,提升植物对养分和水分的吸收能力。

(1) 生长素(Indole-3-acetic acid,IAA):维罗纳气单胞菌

第7章 根际促生细菌（PGPR）对作物的生物刺激作用

(*Aeromonas veronii*)、农杆菌（*Agrobacterium* sp.）、巴西固氮螺菌（*A. brasilense*）、慢生根瘤菌（*Bradyrhizobium* sp.）、豌豆根瘤菌（*Rhizobium leguminosarum*）、*Alcaligenes piechaudii* 等通过产生ZAA，促进根生长，增加根长度及根表面积。PGPR生长素通常以根分泌物中的色氨酸为底物进行合成。不同植物根分泌物中色氨酸浓度具有很大差异，因此，同一PGPR菌株接种不同植物时，促生效果也会有所不同。例如，产生生长素的荧光假单胞菌WCS365接种黄瓜、甜椒、番茄和萝卜时，未能增加黄瓜、甜椒、番茄根和芽的重量，但显著增加了萝卜的根重量，这归因于每棵萝卜幼苗根分泌物中的色氨酸浓度至少为黄瓜、甜椒、番茄的9倍[9]。

（2）细胞分裂素（Cytokinin）：多黏类芽孢杆菌（*P. polymyxa*）、荧光假单胞菌（*P. fluorescens*）、豌豆根瘤菌（*R. leguminosarum*）等通过产生细胞分裂素，促进根细胞分裂及组织膨大，增加根表面积。

（3）赤霉素（Gibberellin，GA）：某些芽孢杆菌（*Bacillus* sp.），如短小芽孢杆菌（*B. pumilus*）、地衣芽孢杆菌（*B. licheniformis*）等通过产生赤霉素，促进植物形态的改变。

（4）ACC脱氨酶：许多PGPR，如产碱杆菌（*Alcaligenes* sp.）、短小芽孢杆菌（*B. pumilus*）、阴沟肠杆菌（*E. cloacae*）等能够产生ACC脱氨酶（1-氨基环丙烷-1-羧酸酯脱氨酶），裂解植物体内乙烯合成的直接前体物质——1-氨基环丙烷-1-羧酸酯（ACC），降低植物根乙烯的合成，解除乙烯对根的抑制作用。进一步研究发现，在淹水、干旱、重金属污染等逆境条件下，ACC脱氨酶的促生作用更为显著。

（5）挥发性物质（volatiles）：许多PGPR，如枯草芽孢杆菌（*B. subtilis*）、解淀粉芽孢杆菌（*B. amyloliquefaciens*）和阴沟肠杆菌（*E. cloacae*）等，通过释放挥发性物质促进植物生长[10]。其中，2,3-丁二醇和3-羟基-2-丁酮（乙偶姻）是最具代表性的挥发性物质。如果枯草芽孢杆菌（*B. subtilis*）和解淀粉芽孢杆菌

(*B. amyloliquefaciens*)的 2,3-丁二醇和 3-羟基-2-丁酮生物合成被阻断，则失去植物促生活性。枯草芽孢杆菌（*B. subtilis*）GB03 产生的挥发性物质具有调节植物能量捕获的作用，通过抑制植物内源葡萄糖感应信号和降低脱落酸水平，提高拟南芥（*A. thaliana*）的光合作用效率和叶绿素含量。

(6) 辅因子（pyrrolquinoline quinone，PQQ）：PQQ 作为一种植物生长促进剂，在植物体内主要作为抗氧化剂发挥作用。但是也不能排除其通过作为某些酶的辅因子（如与抗真菌活性和诱导系统抗性有关酶的辅因子）而间接促进植物生长的可能性。

7.2.2.3 植物根际生物修复剂（Rhizoremediators）

细菌对土壤污染物的降解面临的问题是其很难适应非根际土壤环境，因为当应用于非根际环境时，降解菌初级代谢依赖污染物的降解获取能量，这导致它们迅速进入饥饿状态并死亡，从而显著降低了污染物的降解效率。为了解决这一问题，一种有前景的策略是将细菌初级代谢所需的能量与污染物降解所需的能量分开。为此，有研究者开发了一种根际生物修复系统（rhizoremediation），其核心是筛选降解污染物根际细菌，以便其利用植物根际分泌物作为主要营养源。通过构建一种有效的系统来富集这类根际细菌，以草根粗混合物作为接种源开始，随后进行利用污染物生长与根际有效定植之间的交替筛选，最终获得了一株既能有效利用根际分泌物又能降解根际污染物萘的恶臭假单胞菌 PCL1444，该菌株有效保护了植物免受萘的毒害。

7.2.2.4 环境胁迫调节剂（Stress Controllers）

PGPR 产生的 ACC 脱氨酶通过裂解乙烯前体转化为 2-氧丁酸（2-oxobutanoate）和 NH_3，降低植物体内乙烯水平。ACC 脱氨酶还可以解除植物病原细菌、多环芳烃碳氢化合物、重金属（如 Ni^{2+} 和 Ca^{2+}）、盐害、干旱及淹水等生物和非生物胁迫对植物的损害[11]。

7.2.3 PGPR 生防机制

在植物种植过程中,由各类病害导致的经济损失每年高达2 000 亿美元以上。通常,人们利用抗病品种和化学农药来控制植物病害。然而,抗病品种通常具有针对性,并不能防治所有病害,且选育过程一般需要多年时间。此外,公众对遗传工程抗性品种的接受度仍然是一个敏感问题。随着消费者对化学农药负面影响的日益关注,其使用逐渐受到政府政策的限制。利用微生物防治植物病害是生物防治(biological control, biocontrol)的重要形式之一,是一种环境友好型的防治方法。许多微生物是植物病原菌的天敌,其产生的拮抗性次级代谢产物能够非常容易地接近其作用位点,如植物表面等。相比之下,绝大多数化学农药分子不易到达其植物相应的作用部位。此外,生物源分子通常具有生物可降解性,优于许多化学农药。生物防治不仅应用于控制植物生产过程中的病害,还应用于控制农产品采后病害。关于根际细菌在植物病害防治中的研究主要集中于植物病原菌的控制,同时也有利用根际细菌防治杂草和害虫的报道[12]。

微生物在土壤健康的恢复和维持方面具有至关重要的作用,根据病原菌是否引发植物病害,将土壤分为两种类型:①利病性土壤(disease-conducive soils, conducive soils),又称"感病土壤"或"无效土壤"。这类土壤中的病原菌能够正常存活、生长繁殖、不断扩散,导致植物发生严重病害。②抑制性土壤(disease-suppressive soils, suppressive soils),又称"抑病土壤""抑菌土壤""抗病土壤"或"衰退土壤",尽管其中存在致病性病原菌,但一些土著性微生物能够保护易感作物免受病源危害[13]。目前在世界各地已发现一些自然发生的细菌控制植物病害的土壤,通常是在土质、作物品种等条件相似的地块,抑制性土壤和利病性土壤并存的情况。将少量的抑制性土壤与大量的利病性土壤混合后,可以使利病性土壤转变为抑制性土壤。植物病害的微生物防治

(Microbial control) 是一个复杂的过程,不仅涉及生防微生物、病原菌和植物,而且还与土著性微生物区系、大型生物区系(如线虫、原生动物等)和植物栽培基质(如土壤、蛭石等)有关。为使 PGPR 更有效地发挥作用,必须深入了解其各种作用机制。

7.2.3.1 拮抗作用(Antagonism)

PGPR 通过产生抗生素抑制或杀死植物病原菌。若抗生素合成结构基因发生缺失突变,突变株的生防效果就会丧失。为了获得良好的生防效果,拮抗性 PGPR 不仅需要合成并释放抗生素,还需要在根际环境中与其他生物竞争营养和生态位,以确保抗生素能够扩散至整个根系。此外,PGPR 还需规避植物根际食细菌原生动物的捕食,并能在根面相应的微生态位(microniche)产生抗生素。目前,在拮抗性的革兰氏阴性生防细菌中已经鉴定的抗生素包括氢氰酸(HCN)、吩嗪(phenazines,如吩嗪-1-羧酸、吩嗪-1-甲酰胺)、2,4-二乙酰基间苯三酚(2,4 - diacetylphloroglucinol, DAPG)、藤黄绿脓菌素(pyoluteorin, PLT)、硝吡咯菌素(pyrrolnitrin)、D-葡萄糖酸(D-gluconic acid)、2-己基-5-丙基间苯二酚(2 - hexyl - 5 - propylresorcinol)、环脂肽(cyclic lipopeptide, CLP)等。枯草芽孢杆菌(*B. subtilis*)产生的抗生素包括脂肽类生物表面活性剂(lipopeptide biosurfactants)、表面活性素(Surfactin)、伊枯草菌素 A(iturin A)、杆菌霉素 D(bacillomycin D)、抗霉菌枯草杆菌素(mycosubtilin)、丰原菌素(Fengycin)、二肽芽孢菌溶素(Bacilysin)、肽类硫醚抗生素、枯草菌素(Subtilin)、聚酮类抗生素(bacillaene)、氨基糖苷类抗生素 3,3′-neotrehalosadiamine、磷脂类抗生素 Bacilysocin、Amicoumacin[14]。解淀粉芽孢杆菌(*B. amyloliquefaciens*)产生的抗生素主要有 Surfactin、Bacillomycin D、Fengycin、Bacillibactin、Bacilysin/anticapsin、Macrolactin、Bacillaene、Difficidin。蜡样芽孢杆菌(*B. cereus*)则产生 Zwittermicin A 和卡糖胺(kanosamine)。已从假单胞菌(*Pseudomonas*)和芽孢杆菌(*Bacillus*)等属的 PGPR 菌株中克隆了许多与生防相关的基因，部分基因的功能已经阐明。克隆了荧光假单胞菌（*P. fluorescens*）的 DAPG 生物合成基因簇 phlAB-CD、吡咯霉素生物合成基因簇 pltLABCDEFG 和吡咯霉素生物合成基因簇 prnABCD 等。DAPG 生物合成基因簇包括 phlABCD；在其下游有一个 *phlE*，编码可能的跨膜渗透酶，与 DAPG 抗性有关。*phlA* 附近，*phlF* 和 *phlH* 编码两个与 DAPG 生物合成有关的类四环素抗性阻遏蛋白（TetR）。PhlF 与 *phlA* 启动子特异性结合位点相互作用；DAPG 是 *PhlF* 与 *phlA* 启动子解离的信号，因此自诱导其自身合成；在荧光假单胞菌（*P. fluorescens*）CHA0 中，*phlH* 与 *DAPG* 生物合成的途径特异性控制有关，但尚不清楚其具体机制[10]。除上述特异性调节蛋白基因外，在 *phlF* 和 *phlH* 之间还有一个 *phlG*，编码 DAPG 水解酶，可能是控制 DAPG 水平的一个有效替代。作为对环境信号和其自身细胞生理状况的应答，许多全局调控因子也直接或间接地影响 DAPG 的生物合成。双组分调控系统 GacS/GacA 可能直接或间接地对 DAPG 生物合成进行正调控。细胞内持家因子 RpoD、胁迫应答因子 RpoS 以及 RpoN 也可能影响 DAPG 的生物合成。此外，许多生物和非生物环境因素也可能调节 DAPG 合成水平，包括碳氮源、过渡金属离子和其他矿物质，以及细菌、真菌和植物释放的代谢物。例如，在荧光假单胞菌（*P. fluorescens*）CHA0 和 Pf-5 菌株中，DAPG 生物合成受到另一种抗真菌抗生素藤黄绿脓菌素的负调控。细菌和植物代谢物水杨酸（salicylate），以及真菌致病因子萎蔫酸（fusaric acid）强烈地抑制 DAPG 的合成。从铜绿假单胞菌（*P. aeruginosa*）中克隆鉴定了酚嗪生物合成基因簇 phzABCDEFG 和 phzO。从枯草芽孢杆菌（*Bacillus subtilis*）中克隆鉴定了 IturinA 生物合成基因簇 ituDABC、抗霉菌枯草杆菌素生物合成基因簇 mycABC、枯草菌表面活性剂 srfA 操纵子（*srfAA*, *srfAB*, *srfAC* 和 *srfAD*）等。从解淀粉芽孢杆菌（*B. amyloliquefaciens*）中克隆鉴定了杆菌霉素 D 生物合成基因簇 bmyDABC。新近，克隆鉴定了多黏类芽孢杆菌（*P. polymyxa*）杀镰孢菌素

A 生物合成基因 *fusA* 和多黏菌素生物合成基因簇 pmxABCDE[15]。

7.2.3.2 水解酶的产生

许多 PGPR 菌株通过分泌水解酶，破坏病原真菌的细胞壁。例如，*Streptomyces plymuthica* C48 产生的几丁质酶可抑制番茄灰霉病菌（*Botrytis cinerea*）的孢子萌发及芽管延伸。斯氏假单胞菌（*P. stutzeri*）分泌的几丁质酶和昆布多糖酶能消化裂解枯萎病菌（*F. solani*）的菌丝。*S. plymutica* IC14 产生的蛋白酶与其对 *S. sclerotiorum* 和 *B. cinerea* 的抑制有关。类芽孢杆菌（*Paenibacillus* sp.）300 菌株和链霉菌（*Streptomyces* sp.）385 菌株产生的 β-1,3-葡聚糖酶能裂解 *F. oxysporum* f. sp. *cucumerinum* 的细胞壁。这些水解酶的合成受到 GacA/GacS 或 GrrA/GrrS 的调节[16]。

7.2.3.3 信号干扰（Signal interference）

许多细菌只有在高细胞密度时才会表达致病性/毒力因子。细胞密度变化被群体感应分子（quorum-sensing molecules），如酰基-同型高丝氨酸内酯（Acyl-homoserine lactones, AHLs）所感知，随着细胞密度增高，群体感应分子不断积累，当达到一定水平时，通过信号传递调控有关基因的表达。信号干扰是基于 AHL 降解的一种生防机制，例如，苏云金芽孢杆菌（*B. thuringiensis*）通过 AHL 内酯酶（lactonases）水解 AHL 的内酯环，或通过 AHL 酰化酶（acylases）打开酰胺键，从而干扰病原菌的信号传递。近期研究表明，AHL 酰化酶还影响生物膜的形成[17]，这可能使得生防过程更为有效。

7.2.3.4 诱导系统抗性（Induced systemic resistance，ISR）

某些 PGPR 与植物根系相互作用，能够使植物产生对病原细菌、真菌和病毒的抗性，这种现象称为诱导系统抗性（ISR）。ISR 与人类的自然免疫有许多相似的特点，其产生依赖于植物体内的茉莉酸（jasmonic acid）和乙烯信号传导途径。许多细菌代谢物及其组分，如脂多糖（LPS）、水杨酸（salicylic acid）、铁载体（siderophores）、环脂肽（cyclic lipopeptides）、2,4-二乙酰基间苯三酚

(DAPG)、酰基同型高丝氨酸内酯（AHLs）、挥发性物质（volatile）以及鞭毛蛋白等，均能够诱导植物产生 ISR。与多数生防机制要求生防细菌具备根际竞争优势不同，ISR 并不需要生防细菌在根系广泛定植。一个定植能力很差的生防细菌不可能通过拮抗机制防治病害，因为生防细菌在根际的定植过程实际上是沿着根系进行的抗生素分配运输系统。因此，一株定植能力很差的拮抗性生防蜡样芽孢杆菌（*B. cereus*）却表现出良好的生防效果是令人疑惑的。然而，近期研究发现，某些抗真菌代谢物（antifungal metabolites，AFMs）能够诱导 ISR 解释了上述现象。据此推测，许多生防芽孢杆菌具有良好的生防效果可能是通过 ISR 机制而非拮抗机制发挥作用。例如，枯草芽孢杆菌（*B. subtilis*）FB17 的生防作用即是通过 ISR 机制实现的。De Weert 等报道，一株通过 ISR 机制防治病害的荧光假单胞菌（*P. fluorescens*）WCS365 对番茄根分泌物中的主要成分柠檬酸表现出很强的趋化性[18]。

7.2.3.5 竞争营养和生态位（Competition for nutrients and niches, CNN）

生防根际细菌与病原菌竞争植物根际营养物质和生态位作为一种可能的生防机制已提出多年，但至今尚缺乏足够的实验证据。Kamilova 等[19]认为，如果这种机制确实存在，那么这类生防细菌就能筛选出来。为此目的，他们将植物根际细菌的混合物接种于表面消毒的种子上，在一个无菌系统中进行培养催芽；1 周后，将幼苗根尖上的细菌洗下来，接种于新鲜的种子上进行下一轮的富集循环；3 次循环后，分离出来的细菌具有与模式菌株荧光假单胞菌（*P. fluorescens*）WCS365 相同甚至更强的竞争性定植能力。结果表明，绝大多数分离物都能控制 TFRR（tomato foot and root rot）；突变研究进一步证实了这种生防机制的正确性。然而，Kamilova 等观察到一株具有很强根尖竞争性定植能力的细菌并未对 TFRR 表现出生防效果，这意味着对于生防细菌，仅仅在根上定植是不充分的。Pliego 等的研究解释了这一现象，他们分离了 3 株具有相似根际定植能力的细菌，其中只有 1 株表现出对鳄梨根腐病具有生防效果；研究还发现，生防效果因其定植于根的不同部位而异，生防细菌必须准确定植于根上特定的微生态位（mininiche）才能发挥其生防作用[19]。

7.2.3.6　竞争 Fe^{3+} 铁离子（Competition for ferric iron）

在 Fe^{3+} 浓度较低的环境中，某些根际细菌产生大量的高亲和性铁载体，螯合环境中的 Fe^{3+} 形成 siderophore-Fe^{3+} 复合物，造成真菌病原菌铁饥饿，抑制其生长。

7.2.3.7　捕食和寄生（Predation and parasitism）

捕食和寄生是木霉（*Trichoderma* sp.）等生防真菌的主要生防机制，它们通过酶解破坏真菌病原菌的细胞壁来实现。目前尚未在细菌中发现该类机制。即使对于某些被认为具有捕食真菌能力的单胞菌，其生防机制可能也更多地依赖于营养和生态位的竞争，而非直接的捕食和寄生。

7.2.3.8　解毒作用（Detoxification and degradation of virulence factors）

解毒作用也是 PGPR 的重要生防机制。某些 PGPR 菌株能够解除白条黄单孢菌（*Xanthomonas albilineans*）产生的肽抗生素毒素[16]。解毒机制包括产生与病原菌毒素可逆结合的蛋白质以及产生能够降解病原菌毒素的酶类。

7.2.3.9　干扰病原菌的活性、生存、萌发及孢子形成

病原真菌 *Forl* 菌丝分泌的萎蔫酸（fusaric acid）对生防荧光假单胞菌（*P. fluorescens*）WCS365 具有化学引诱作用。在针对 TFRR 的生防试验中，WCS365 大量定植于 *Forl* 菌丝上，形成微菌落（microcolonies），这种定植可能减弱了病原菌的毒力。扫描电镜观察发现，当使用根分泌物进行培养时 WCS365 同样能够定植于 *Forl* 菌丝上。采用不同培养基进行试验，进一步研究表明，培养基的贫

瘠程度影响生防菌在病原菌丝上的定植量,贫瘠条件下定植量更大。这一研究结果支持了早期提出的观点:生防菌可能通过定植于病原菌丝以获取营养。当利用根分泌物进行培养时,*Forl* 小分生孢子萌发;同时接种 WCS365 时,孢子萌发过程受到抑制,可能由于生防菌争夺营养所致。在根分泌物中,*Forl* 菌丝生长发育形成小分生孢子,这些小分生孢子随环境传播扩散。而 WCS365 的定植减少了孢子的形成,从而降低了病原菌的传播。总之,生防荧光假单胞菌 WCS365 通过抑制病原真菌活性、生存和孢子萌发,并在菌丝上定植以抑制新孢子的形成,从而实现对病害的有效控制[7]。

7.2.4 PGPR 诱导植物产生诱导系统耐受性(induced systemic tolerance,IST)

近年来,关于 PGPR 提高植物对非生物胁迫(如干旱、盐害、养分亏缺或肥害等)耐受性的研究日益增多。Yang 和 Kloepper 等建议使用诱导系统耐受性(IST)这一术语,表述 PGPR 诱导的植物体内发生的物理和化学变化,这些变化能够显著增强植物对非生物胁迫的耐受能力[1]。

7.2.4.1 诱导植物对干旱的耐受性

干旱胁迫严重阻碍植物的生长,降低作物产量,特别是在干旱和半干旱地区尤为常见。研究表明,使用 PGPR 如 *Paenibacillus polymyxa* 接种拟南芥,可以提高拟南芥对干旱的 IST。通过 RNA 差异显示分析发现,接种处理后拟南芥中干旱应答基因 *ERD15*(*EARLY RESPONSIVE TO DEHYDRATION* 15)的转录水平显著上调。此外,利用能够产生 1-氨基环丙烷-1-羧酸脱氨酶(1-aminocyclopropane-1-carboxylate deaminase,ACC deaminase)的 PGPR 如 *Achromobacter piechaudii* ARV8 接种辣椒(*Capsicum annuum* L.)和西红柿(*Solanum lycopersicum* L.),也显著提高了辣椒和西红柿对干旱的耐受性。在环境胁迫条件下,植物内源性乙烯通过调节生理平衡来降低根、茎的生长速度。PGPR 产生的 ACC 脱氨酶通过分解乙烯合成的前体物质1-氨基环丙烷-1-羧酸，降低植物体内的乙烯水平，缓解环境胁迫对植物生长的不利影响，促进其恢复正常生长。近年来，这些研究成果已被成功应用于温室及大田生产中，如采用根瘤菌与PGPR、菌根真菌与PGPR的协同接种（co-inoculation）策略。根瘤菌对干旱胁迫是非常敏感的，其固氮能力在干旱胁迫条件下显著下降。当根瘤菌（*Rhizobium tropici*）与2株多黏类芽孢杆菌（*P. polymyxa*）协同接种菜豆（*Phaseolus vulgaris* L.）时，提高了菜豆根瘤数、株高和茎干重。有趣的是，2株多黏类芽孢杆菌与根瘤菌协同接种对菜豆IST和结瘤作用的效果要好于单一多黏类芽孢杆菌与根瘤菌的协同接种，表明PGPR菌株之间存在协同效应。进一步研究发现，干旱胁迫影响植物体内的激素平衡，导致叶片的脱落酸（ABA）含量增加，而内源细胞分裂素含量降低，进而诱发气孔关闭。细胞分裂素与ABA在含量上的对立可能是代谢相互作用的结果，因为它们有一个共同的生物合成前体物质。然而，目前尚不确定多黏类芽孢杆菌产生的细胞分裂素是否会影响植物的ABA信号转导或诱导根瘤菌的结瘤作用。在严重干旱胁迫条件下，采用门多萨假单胞菌（*Pseudomonas mendocina*）与丛枝状菌根真菌（*Glomus intraradices* 或 *G. mosseae*）协同接种莴苣（*Lactuca sativa* L.），提高了莴苣的抗氧化剂——过氧化氢酶活性，表明PGPR *Pseudomonas mendocina* 能够减轻干旱引发的氧化损伤。

7.2.4.2 诱导植物对盐害的耐受性

在干旱地区，土壤盐害是农作物生产的重要限制因素。研究表明，在高盐条件下，使用皮氏无色杆菌（*Achromobacter piechaudii*）进行接种能够降低番茄幼苗的乙烯含量，促进其生长，这主要归功于该菌株产生的ACC脱氨酶的作用。使用已商业化的枯草芽孢杆菌（*B. subtilis*）GB03接种拟南芥也取得了相似的效果，显著提高了拟南芥对盐胁迫的IST。有趣的是，GB03产生的一些挥发性有机化合物（VOCs）是与IST相关的决定因子。拟南芥的高亲和

性 K^+ 运输蛋白基因 *HKT1*（*HIGH-AFFINITY K^+ TRANSPORTER 1*）调控根对 Na^+ 的吸收；*HKT1* 的转录表达具有组织依赖性，以调节 Na^+ 和 K^+ 在不同组织中的分布水平。当拟南芥 *athkt1* 突变体暴露于 GB03 产生的 VOCs 时，不仅表现出典型的盐胁迫症状，如萎缩和生长抑制。转录分析发现，GB03 产生的 VOCs 使根组织 *HKT1* 的转录表达下调，而使茎组织 *HKT1* 的转录表达上调，进而使整个植株的 Na^+ 维持在较低水平。进一步研究发现，Na^+ -输出突变体 *sos3*（*salt overly sensitive3*）暴露于 GB03 产生的 VOCs 时，其盐胁迫下的 IST 与野生型拟南芥无差异，这表明茎组织里 *HKT1* 的功能是负责茎从根木质部获取 Na^+，从而有利于茎-根 Na^+ 的再循环。综上所述，在盐胁迫条件下，植物感知 PGPR 的 VOCs 信号，对 *HKT1* 进行组织特异性表达调控，以控制 Na^+ 的体内平衡，从而减轻盐胁迫对植物的伤害。

7.2.4.3　诱导植物对养分亏缺或肥害的耐受性

植物所面临的另一个非生物胁迫是土壤养分供应的波动。尽管化学肥料的施用是植物生产所必需的，但其过量使用也带来严重的环境问题，特别是硝酸盐和磷酸盐的积累，已成为水体和面源污染的重要来源。施肥对环境的危害部分归因于作物对养分的低吸收效率。PGPR 通过合成生长素、细胞分裂素等促进根系的生长发育，改变根系的构型，增加根表面积和根尖数量。PGPR 对植物根系的这种刺激作用也与诱导系统耐受性（IST）有关。由于根尖和根表面是植物吸收养分的主要部位，因此刺激根系的生长及构型改变可能是 PGPR 促进养分吸收的一个重要机制（图 7-1）。也有研究者推测，PGPR 可能通过刺激质子泵 ATP 酶（proton pump ATPase）的活性来促进植物对矿物质离子的吸收，但这一假设尚缺乏实验证据。已有研究表明，PGPR 的应用能够在减少化学肥料使用量的情况下维持作物的正常生产力。例如，在田间条件下，接种 PGPR 并使用 75% 正常量化学肥料的处理下，小麦产量与未接种 PGPR 但正常施肥的处理相当。在温室条件下，接种 2 株 PGPR 并使用 75% 正常量化学肥料的处理，番茄幼株的干重甚至超过了未接 PGPR 但正常施肥的处理；移栽到大田后，协同接种 PGPR 和菌根真菌并使用 50% 正常量化学肥料，番茄产量高也与未接种但正常施肥的对照。这些研究结果表明，在不降低作物产量的前提下，PGPR 的应用完全可以实现化学肥料的减量化使用。

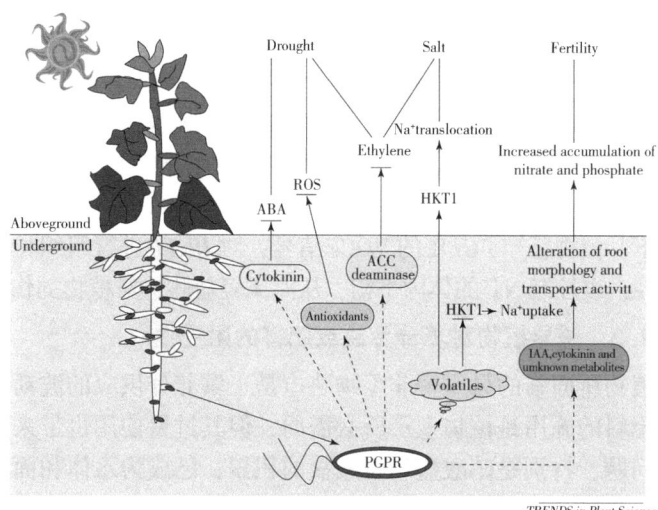

图 7-1　PGPR 诱导植物产生 IST 示意

注：虚箭头表示 PGPR 分泌的生物活性化合物（细胞分裂素、吲哚乙酸 IAA、抗氧化剂、ACC 脱氨酶、挥发性物质）；实箭头表示受 PGPR 生物活性化合物影响的植物体内化合物（脱落酸 ABA、活性氧 ROS、1-氨基环丙烷 1-羧酸 ACC、乙烯、高亲和性 K^+ 运输蛋白 HKT1）。

7.3　PGPR 产品的商业化应用

美国拜耳作物科学（Bayer Crop Science）公司经过多年研究，利用 PGPR 菌株开发出 2 款新型生物农药 Kodiak® Concentrate 和 Yield Shield® Concentrate Biological Fungicides，并获得美国环保局（EPA）的登记许可，并投放市场。Kodiak® Concentrate 和 Yield

Shield® Concentrate 生物农药主要用于商品化种子的处理。将基于芽孢杆菌（*Bacillus*）的 PGPR 与传统的化学农药相结合，对作物种子进行组合处理取得成功，与传统的单一化学农药相比，防病效果更好，防效时间大大延长。

加拿大 BrettYoung 公司从事 PGPR 研发已有 10 多年历史。目前，该公司已推出 2 款 PGPR 产品。BioBoost®上 1 款由分离自植物根际的代尔夫特氏菌（*Delftia*）发酵而成的 PGPR 接种剂，适用于油菜种子的处理，以促进油菜的生长。BioBoost® Plus 是由食酸代尔夫特氏菌（*Delftia acidovorans*）和大豆慢生根瘤菌（*Bradyrhizobium japonicum*）组合而成，用于大豆种子的接种处理，以促进大豆的生长发育并提高产量。这 2 款 PGPR 产品均已获得专利保护。此外，该公司还在积极研发具有硫氧化作用的 PGPR 制剂，计划用作油菜、大豆、苜蓿和玉米的接种剂，以促进作物生长、改进品质并提高产量。

Becker Underwood（加拿大）有限公司利用 PGPR 菌株枯草芽孢杆菌（*Bacillus subtilis*）MBI 600 生产的 Subtilex® 产品是获得 EPA 注册登记的生物农药，对镰刀菌（*Fusarium*）、丝核菌（*Rhizoctonia*）、链格孢（*Alternaria*）等土传真菌病原菌具有很强的抑制作用。该产品为固体剂型，有效活菌数不低于 5×10^{10} CFU/g，适用于棉花、花生、蔬菜、大豆、苜蓿、牧草等多种作物的拌种处理，也可以与泥炭等混合稀释后进行沟施。利用 MBI 600 菌株生产的 Integral®产品为液体剂型，可用于浸种、灌根等。2004 年，Becker Underwood 公司利用"BioStacked® Technology"将 PGPR 菌株与根瘤菌进行有效组合，开发出首个 BioStacked 产品 VAULT®，用于大豆和花生的接种，以激活根瘤菌结瘤过程并提高其在种子表面的存活能力。

绝大多数商品化的 PGPR 产品是在无菌条件下通过单一菌株或几个菌株的组合生产的。而美国微生物高新技术公司（Advanced Microbial Solutions，AMS）则采用一个复杂微生物群落发酵技术，生产出一种土壤改良剂（*soil amendment*）。这种产品不仅富含有益的微生物菌群及其副产物，还具备复杂的生理生化和生物学特性；不仅具有促进植物生长的能力，还具有改善土壤的功能。与传统的土壤改良剂相比，AMS产品具有显著优势，其多功能性主要包括4个方面：①降低土壤盐渍度；②改善土壤结构，降低土壤容重和密实度；③提高土壤湿度；④促进植物营养吸收。在世界范围内，提高肥料利用率和改善土壤水分供给是农业生产中尤其重要的方面。应用效果试验结果表明，AMS产品能够提高植物耐盐性，提高土壤透水性和保水能力，在化学肥料用量减少10%~20%的情况下，仍具有增产效果。这些积极效果已经超出了我们对传统微生物肥料的认识，特别是在高度定向PGPR应用方面展现出了巨大的潜力。

7.4 PGPR应用前景

大量研究与生产实践表明，在农业可持续发展中，PGPR展示出广阔的应用前景。

7.4.1 PGPR在克服作物连作障碍中的应用

当前，我国现行的作物种植模式及农业生产措施导致了作物连作障碍的普遍发生，且日益严峻，已成为制约我国农业可持续发展的瓶颈之一。人们普遍认为土传病害的累积、营养失衡以及植物自毒物质的产生是引发作物连作障碍的主要因素。生产实践表明，单纯依赖化学肥料和化学农药不能从根本上解决作物的连作障碍问题；而PGPR的应用则是解决这一难题行之有效的途径。PGPR来自作物根际环境，制成PGPR制剂后施用于作物根际，具有良好的环境适应性，能在作物根际长期稳定地定植，进行各种代谢过程，发挥多种功能。在生长繁殖过程中，PGPR持续不断地产生抗生素、抗菌蛋白、病原菌细胞壁水解酶、挥发性有机化合物等生物活性物质，抑制或杀死植物病原菌；同时，它们还能诱导作物产生系统抗性，提高作物的抗病性。此外，PGPR 通过产生水解酶，降解植物产生的自毒物质，解除其对作物的危害；并通过各种代谢活动促进土壤养分释放；通过生成生长素、细胞分裂素、VOCs 等，促进作物根系生长发育，提高作物对养分的吸收能力，有效缓解作物的营养平衡问题。

7.4.2　PGPR 在作物逆境生产中的应用

作物生长过程中，常面临干旱、水涝、盐害、养分亏缺或过量施肥害等恶劣环境条件的影响。PGPR 能够诱导作物产生对非生物胁迫的耐受性，有助于作物在逆境条件下的生长。深入研究 PGPR 诱导植物 IST 形成的机制，筛选能够产生不同特异性 IST 决定因子的 PGPR 菌株（如细胞分裂素、IAA、ACC 脱氨酶、VOCs 和抗氧化剂等产生菌），并进行菌株组合优化，在解决作物生产中经常遇到的非生物胁迫方面具有广阔的应用前景。

7.4.3　PGPR 在土壤修复中的应用

近年来，利用 PGPR 对污染土壤进行生物修复方面的研究受到持续关注。PGPR 能够降解各种化学农药，减少农药对环境及农产品的污染。同时，PGPR 还能对重金属进行钝化处理，通过促进具有生物修复功能的植物生长，显著提高重金属的清除效果。

参考文献

[1] Yang J, Kloepper J W, et al. Rhizosphere bacteria help plants tolerate abioticstress [J]. Trends in Plant Science, 2009, 14: 1-4.

[2] Kinsella K, Schulthessm C P, et al. Rapid quantification of Bacillus subtilis antibiotics in therhizosphere [J]. Soil Biology &

Biochemistry, 2009, 41 (2): 374-379.

[3] Jetiyanon K. Defensive-related enzyme response in plants treated with a mixture of *Bacillus strains* (IN937a and IN937b) against differentpathogens [J]. Biological Control, 2007, 42: 178-185.

[4] Gutiérrez-Luna F M, López-Bucio J, et al. Plant growth-promoting rhizobacteria modulate root-system architecture in Arabidopsis thaliana through volatile organic compoundemission [J]. Symbiosis, 2010, 51: 75-83.

[5] Beneduzi A, Costa P B, et al. Paenibacillus riograndensis sp. nov., a nitrogen-fixing species isolated from the rhizosphere of Triticumaestivum [J]. International Journal of Systematic & Evolutionary Microbiology, 2010, 60 (1): 128-133.

[6] Siddiqui Z A. PGPR: Biocontrol andBiofertilization [M]. Dordrecht: Springer, 2006.

[7] Lugtenberg B, Kamilova F. Plant-growth-promotingRhizobacteria [J]. Annual Review of Microbiology, 2009, 63: 541-556.

[8] Rudrappa T, Czymmek K J, et al. Root-secreted malic acid recruits beneficial soilbacteria [J]. Plant Physiology, 2008, 148: 1547-1556.

[9] Kamilova F, Kravchenko L V, et al. Effects of the tomato pathogen *Fusarium oxysporum* f. sp. radicis-lycopersici and of the biocontrol bacterium *Pseudomonas fluorescens* WCS365 on the composition of organic acids and sugars in tomato root exudate [J]. Molecular Plant - Microbe Interactions, 2006, 19: 1121-1126.

[10] Ryu C-M, Farag M A, et al. Bacterial volatiles promote growth ofArabidopsis [J]. Proc Natl Acad Sci USA, 2003, 100:

4927-4932.

[11] Glick B R, Cheng Z, et al. Promotion of plant growth by ACC deaminase – producing soilbacteria [J]. European Journal of Plant Pathology, 2007, 119: 329-339.

[12] Péchy-Tarr M, Bruck D J, et al. Molecular analysis of a novel gene cluster encoding an insect toxin in plant – associated strains of Pseudomonasfluorescens [J]. Environmental Microbiology, 2008, 10: 2368-2386.

[13] Kyselkova M, Kopecky J, et al. Comparison of rhizobacterial community composition in soil suppressive or conducive to tobacco black root rotdisease [J]. The ISME Journal, 2009, 3: 1127-1138.

[14] Ongena M, Jourdan E, et al. Surfactin and fengycin lipopeptides of Bacillus subtilis as elicitors of induced systemic resistance inplants [J]. Environmental Microbiology, 2007, 9: 1084-1090.

[15] Choi S – K, Park S – Y, et al. Identification and functional analysis of the fusaricidin biosynthetic gene of Paenibacillus polymyxa E681 [J]. Biochemical and Biophysical Research Communications, 2008, 365: 89-95.

[16] Compant S, Duffy B, et al. Use of Plant Growth – Promoting Bacteria for Biocontrol of Plant Diseases: Principles, Mechanisms of Action, and FutureProspects [J]. Applied and Environmental Microbiology, 2005, 71 (9): 4951-4959.

[17] Shephard R W, Lindow S. Two dissimilar N – acyl – homoserine lactone acylases of Pseudomonas syringae influence colony and biofilmmorphology [J]. Applied and Environmental Microbiology, 2008, 74: 6663-6671.

[18] Van Loon L C. Plant responses to plant growth – promotingrhizobacteria [J]. European Journal of Plant Pathology, 2007,

119: 243-254.

[19] Pliego C, DeWeert S, et al. Two similar enhanced root-colonizing Pseudomonas strains differ largely in their colonization strategies of avocado roots and Rosellinia neatrixhyphae [J]. Environmental Microbiology, 2008, 10: 3295-3304.

第 8 章 丛枝菌根真菌作为生物刺激素的应用

8.1 简介

共生的丛枝菌根（AM）真菌被认为是一种生物刺激素。这些真菌亚科的成员与大约74%的陆生植物建立了互惠共生关系，并可能参与了4.1亿年前陆地植物生态系统的定植过程。许多重要作物，如谷物、果树、蔬菜和观赏植物，均与AM真菌有关联。迄今为止，已有 300 多种 AM 真菌已被鉴定（http：//www.amf-phylogeny.com/amphylo species.html），而且种类数量仍在不断增加。这种低宿主特异性，结合大量潜在的AM真菌物种，构成了一种宝贵资源，可以广泛地应用于作物生产。AM真菌被认为是所有根内共生的源头，其基础是植物与AM真菌之间营养物质的双向交换。寄主植物为专性AM真菌提供宿主环境和有利的代谢条件，而AM真菌则通过宿主植物的光合作用获取碳源，以交换矿物质营养物质，这些矿物质通过真菌菌丝提供给宿主植物。在不同环境中，AM真菌均展现出促进植物生长和改善品质的能力[1]。市场上已成功将AM真菌作为一种高效肥料，但现阶段仍需进一步深入探索：①AM真菌作为生物刺激素的生物功能；②AM真菌功能如何应对环境变化和农业管理实践；③评估在不同农业背景下，应用菌根来提高农业生产力的效果；④开发适应广泛环境、经济、安全且有效的菌根产品。

随着科学技术的发展，人们对AM共生的基本生理机制有了更深入的理解。然而，菌根接种剂的应用具有很强的环境依赖性，AM 共生菌对人为干预和环境因素的响应也存在较大差异。AM 真菌的根定植成功率各不相同，植物对真菌感染的反应从抑制生长到促进生长，这取决于植物种类和品种、真菌种类和菌株、菌种组合、土壤类型乃至使用地点等因素[2]。从生态学的观点来看，这种多样性差异并不是一种广泛有效的策略，从而对 AM 真菌的应用带来了一定的困难。考虑到现阶段农业正逐渐向可持续生产方式过渡，科研人员需提出解决方案，以在保持作物生产力的同时，减少农业集约化对环境的危害。因此，本章将重点论述 AM 真菌作为适合的生物刺激素，分析确定可能抑制其应用推广的主要因素。

8.2 丛枝菌根（AM）真菌的功能和应用效益

8.2.1 双向养分交换

AM 真菌通过盆栽试验已证实能够有效地促进植物的生长和磷（P）的吸收[3]。这种刺激效应的实现依赖于土壤中菌丝网络的构建，该网络能与植物根系相连，这种菌丝并可能延伸到根区以外数厘米的范围。由于磷在多数土壤中移动性较低，其有效性普遍不高，导致根系周围形成磷元素匮缺区。AM 真菌的菌丝能够绕过这些磷耗损区，从而提高植物对磷的吸收效率[3]。利用放射性同位素示踪方法已证实，AM 真菌菌丝可直接向植物根部输送磷，而膜磷转运体是 AM 真菌菌丝从土壤中吸收磷的主要蛋白结构。同时，真菌-植物界面磷转运的分子机理也已得到阐明，形成了 AM 真菌与植物磷营养有关的科学共识[5]。此外，少数研究认为氮（N）也通过 AM 真菌的菌丝进行转运。同位素示踪试验表明，AM 真菌参与了氮从植物无根区域向根系的转移过程，其氮素代谢、吸收和转运机制是氮通过氨形式的方式转移到植物中。反过来，AM 真菌从寄主植物中获取了相当大比例的碳源，并促进了有机物向真菌方向的转运。这些有机物以糖和脂肪酸的形式与真菌共享,通过根-真菌界面的 ATP 酶提供能量,以携带运输这些营养物质。

通过大量研究 AM 共生体的碳、氮、磷化学计量学,表明碳、磷和氮的协调平衡是维持互惠共生的关键。尽管 C-N-P 平衡机制在植物物种间和 AM 球孢菌纲内是相同的,但植物生长和土壤养分的利用或植物对 AM 真菌感染的养分响应是不同的[6]。在相同环境中,这种依赖于不同物种的有效性差异被称为"功能的多样性"。AM 真菌对植物生长和生物施肥的有效性是 AM 共生关系的显现特性,这取决于遗传特性在特定环境条件下的适应性。AM 真菌通常被认为具备在营养匮缺、重金属污染、干旱、高盐分等胁迫土壤条件下能有效刺激促进作物生长的功能[7]。

8.2.2 土壤养分匮缺

大量研究表明,AM 真菌能够增加植物生物量,并促进不同作物对养分的积累,包括 N、P、K、Ca、Mg、Zn、S、Mn、Fe 和 Cu[8]。AM 真菌通过强化植物的根系功能,特别是营养吸收能力,利用密集而复杂的菌丝体(2.7~20.5 mg/kg 的土壤)扩展其覆盖范围,从而绕过根部周围的营养耗竭区。菌根菌丝体能够建立与根系之间的连接,并在相邻植物之间共享营养和信号化合物,形成共生菌根网络。随着土壤肥力的增加,互惠共生关系转变为寄生共生[9]。具有菌根的植物通常有 2 种常见的磷吸收方式:直接途径和通过根和菌根途径,其中养分获取和转运到根是由菌根菌丝体触发的。菌根菌丝体覆盖的土壤区域比单独的根系大得多。而在速效磷含量较高的条件下,AM 真菌失去功能,高磷施肥水平会减少 AM 真菌在根系的定植。在 AM 共生系统中,通过菌根网络输送的氮可占植物总氮吸收的 35%。然而,在不同的研究中,AM 真菌对植物氮素吸收的贡献差异较大,因为植物和 AM 真菌菌丝对氮的需求都很高,这可能会导致对氮吸收的竞争[10]。此外,菌根植物对氮的吸收率随土壤中有效氮源的不同而有所变化,还受到土壤氮含量、植物有效磷含量和其他逆境因素（如干旱）的影响[11]。AM真菌对植物氮营养的供应主要以硝酸盐的形式进行，而向根系的转移过程是动态变化的。

菌根共生体中所有与植物相关养分的吸收和积累都可能受到正面或负面的影响，且与环境条件密切相关。在大多数土壤中，可以观察到AM真菌对植物矿质营养的积极作用，包括Cu、P和Zn的吸收以及钙质土壤中的主要氮源-铵和酸性土壤中的钾、钙和镁的吸收。

8.2.3　土壤水分胁迫

接种丛枝菌根真菌（AMF）可有效增强植物对干旱的耐受性，其作用机制主要包括直接作用和间接作用2种。直接作用机制涉及寄生于根的AMF菌丝直接吸收水分，从而改善植物水分状况，提高植物抗旱能力[12]。Li等[13]首次从根内根孢囊霉（*Rhizophagus intraradices*）中克隆出2个水孔蛋白基因，并验证了这些基因的功能，从分子水平上为AMF给植物输送水分提供了依据。通过分根试验，Ruth等利用高分辨率水分传感器，量化了AMF对大麦（*Hordeum vulgaris*）水分吸收的贡献，发现通过菌丝吸收的水分约占植物总吸水量的20%。菌丝和根毛均能为植物吸收水分，对植物而言，干旱条件下AMF和根毛到底谁是不可或缺的？对接种AMF无根毛大麦突变体及野生型进行干旱胁迫试验，结果显示：干旱条件下AMF几乎可以弥补根毛的缺失，且在提高水分利用效率（Water use efficiency，WUE）及水势方面占有优势，AMF比根毛更有利维持植物水分平衡，而另一项对接种AMF柑橘（*Poncirus trifoliata*）的试验则表明，干旱条件下AMF菌丝吸水速率是正常供水时的2~7倍，也表明菌丝在干旱条件下对植物的重要性。间接作用机制指AMF通过促进土壤团粒结构的形成、改善植物根系构型、提高植物光合能力、增强对矿质元素的吸收、降低植物氧化损伤、增强植物渗透调节能力及诱导相关基因表达等来间接地提高植物的抗旱性[14]。

根是植物首个感受到土壤水势变化的组织，根系不仅为植物提供物理支持，还为植物吸收水分和养分。干旱胁迫对植物的伤害首先在根系，干旱限制根的生长，导致植物吸收的水分和养分减少。对接种 AMF 的青杨（*Populus cathayana*）、圆锥黍（*Panicum turgidum*）进行干旱胁迫试验[15]发现，干旱降低了植物根长、根体积、根表面积和根尖数，接种处理 AMF 显著增加了上述根系形态特征，与未接种 AMF 植物相比，青杨雄株的根长、根体积、根表面积和根尖数分别增加了 102%、79.03%、142%、30.49%；圆锥黍分别增加了 84.36%、28.04%、63.43%、131%。接种 AMF 显著增加干旱条件下植物的主根和侧根根毛密度、根毛长度及根毛直径。干旱条件下，AMF 对宿主植物同化物分配量也有影响，体现为地下部分大于地上部分，这不仅有助于水分的吸收，还减少水分的消耗。张亚敏等[16]以小马鞍羊蹄甲（*Bauhinia faberi*）为试验材料，不仅发现接种 AMF 改变了干旱条件下小马鞍羊蹄甲的根系形态，还减小了根系拓扑指数，改善了根系构型。综上所述，干旱条件下接种 AMF 可有效促进植物根系生长和改善植物根系构型，有助于植物在更大的范围上利用土壤中的水分和养分，提高宿主植物对干旱的抗性。

8.2.4 土壤质量

保持土壤孔隙度、良好的内部排水和气体交换对于植物种植和农业生态系统的可持续性至关重要。AM 真菌是土壤有机质库的重要组成部分，是土壤结构形成和稳定的重要驱动力[17]。AM 真菌可以缠绕土壤颗粒，并产生参与土壤颗粒黏附的蛋白质。球囊霉素相关土壤蛋白（GRSP）是 AMF 菌丝和孢子壁分泌的一种特殊糖蛋白。GRSP 对土壤的作用体现在两个方面：一是促进团聚体的形成。GRSP 是土壤中的微生物胶，具有"超级胶水"的性能，其黏附土壤颗粒的能力比其他土壤碳水化合物能力强 3~10 倍，在形成大团聚体的过程中发挥着重要作用。另外，AMF 菌丝也可缠绕土壤微粒，促进大团聚体形成[18]。以红橘（*Citrus tangerina*）为材料，研究不同水分条件下接种摩西斗管囊霉（*Funneliformis mosseae*）和幼套球囊霉（*Claroideoglomus etunicatum*）对 GRSP 的影响，发现干旱处理 12 d 后，接种摩西斗管囊霉和幼套球囊霉的红橘总球囊霉素含量分别增加 83.78% 和 61.11%，显著高于未接种处理的 28.57%。二是 GRSP 可以提高土壤团聚体的稳定性。通过比较接种摩西斗管囊霉和根内根孢囊霉的桑树（*Morus alba*）与未接种处理发现，干旱处理接种 AMF 均能显著影响土壤团聚体的稳定性，其中，桑树接种摩西斗管囊霉和根内根孢囊霉，大团聚体比例分别提高 2.57% 和 3.28%，团聚体平均质量直径分别提高 2.83%和2.20%，平均直径分别提高4.36%和3.54%。土壤团聚体是土壤主要的结构单元，AMF 促进土壤团聚体的形成，提高其稳定性，有助于植物在干旱条件下调控水分的吸收，从而提高植物的抗旱性[19]。

8.2.5　适宜环境下丛枝菌根（AM）结合体的响应

植物具有 AM 真菌可以扩大其获取资源的范围，其生理状态和其他代谢能力与不具有 AM 寄生植物存在明显不同[20]。AM 真菌诱导植物在代谢上有很大的不同，包括以下方面：能量代谢和呼吸、植物激素水平、可溶性糖代谢和运输特性、植物脂质代谢、氨基酸浓度以及不同的次级代谢产物水平。这些代谢的改变可能是调节植物与真菌的相互作用或是其适应特定环境条件的响应[21]。从农艺学角度来看，AM 共生菌中特定目标化合物的组织积累改变可以提高植物可消耗物质。此外，在有利的环境条件下，具有 AM 真菌的植物生理状态的改变使其具有更高的代谢能力。应用 AM 真菌在许多植物中，通常可以观察到叶片的光合作用水平明显增加，叶片鳞片的光合能力与其氮、磷水平和蛋白质含量呈现正相关。也有研究认为菌根诱导的碳水化合物从光合组织中加速流失会刺激光合作用。干旱胁迫条件下，AM 诱导维持气孔导度，因此叶片保持较高的光合速率。长期来看，通过植物组织的代谢和基因表达，根的生长和形态在 AM 感染后会发生改变。从理论上讲，AM 真菌的应用促进根系生长利于植物成功移栽，因此在园艺、再造林或植物移栽过程中具有应用潜力。通过 AM 真菌定植调节资源配置，促进植物的营养和生殖发育[22]。例如，AM 真菌定植对重要观赏作物的生殖器官具有促生长能力。尽管如此，很多共生或甚至寄生 AM 真菌对植物促生长并没有表现出显著效果。由于生物体的遗传特性决定其在何种环境下可产生最大生长潜力，因此在相同环境下，植物-真菌组合生长效率的变化可能是由环境条件本身引起的。

8.3 成功应用丛枝菌根真菌的因素

AM 真菌的有效应用需要其共生互惠性质的高效转化，并需减少环境对农业的负面影响。从可持续性农业的角度来看，需要有针对性地应用以减少不必要的资源浪费，提高资源使用效率。从经济角度来看，在作物生产中使用 AM 真菌增加了管理的复杂性和成本，但能够通过提高产量或提升品质而增加效益。然而，由于多种因素决定了菌根效应（对产量、植物生长或植物营养的影响）受多种因素制约，导致其在不同环境下的应用效果存在不确定性。管理实践、所用物种、土壤和气候的变化均会影响菌根对植物的效果[23]。为了解决这一问题，需要将 AM 共生系统中涉及的植物内在特性作为育种筛选的目标。通过增强真菌对植物的侵染能力，可实现非特异性 AM 真菌对植物生长的积极作用。正向遗传学方法可用于识别调控植物菌根表型的基因，并将其纳入育种目标，同时兼顾其他性状，如产量构成性状。上述模式被称为"功能多样性"筛选（即相似的代谢框架导致不同的 AM 共生表现），如果能够培育出具有这些理想遗传特性的植物品种，需要在一系列不同的环境背景下，采用适当的方法进行测试评估；也可以有选择地培育植物，使其具有依赖菌根的特性或使作物具备气候适应性而非受制于天气。由于环境变化，AM 真菌会随时间和植物生长阶段而变化，因此难以在一个或几个生长周期内评估其对生态系统和作物生产力的影响。此外，AM 真菌对植物生长的作用可能受植物发育阶段的影响。为了量化农业系统中菌根的效果，需要确定跨农业生态系统和环境变异的菌根功能临界阈值，这要求在不同环境下进行长期田间试验，综合监测管理、作物轮作、气候和土壤性质等影响因素，并建立可检索的大型数据库[24]。实现这一目标需长期且合理的技术研究。通过培育作物的菌根缺陷突变体，并在田间条件下应用这些突变体，以评估菌根对植物生长和生态系统的影响。然而，许多作物尚未发现产生此类突变体，因此需要利用高通量技术进行大量数据抽样评估，并对不同调查尺度的空间异质性进行适当分析。近期研究发现，在 AM 真菌的根定植过程中，特定 AM 真菌-植物共生体可采用与 AM 共生相关的基因田间定量性状位点（QTL）定位的叶面标记。通过生成高分辨率土壤图来量化田间土壤的空间异质性，并初步研究了 AM 真菌对磷吸收、植株生长和根系感染的动态模型。若将这些技术与育种方法相结合，可能形成具有良好预测能力的系统农学方法，这些方法可以整合遗传学、环境和农业管理，为未来的精准农业发展奠定基础。此外，用于识别和应用的"诱导剂"信号分子，可用于提高植物对菌根的敏感性，同时也要注意进行土壤和食品卫生方面的风险评估。

菌根产品的应用需具有针对性并需解决若干难题。从真菌方面来看，由于真菌遗传系统的特殊性，目前难以通过传统的育种或遗传转化获得稳定且理想性状的 AM 真菌。AM 真菌的孢子包含数百到数千种不同的遗传型，其组成既不同于亲本，也不同于姊妹系。此外，通过菌丝筛选的分离株之间进行遗传交换增加了系统的复杂性[25]。这种遗传可塑性被认为是 AM 真菌高适应潜力的因素之一，可以对植物的生长响应产生不同的影响。具体来说，与非原生

AM 真菌相比，从重金属或盐污染土壤中分离的本地 AM 真菌能够增强植物对这些非生物胁迫的耐受力，这可能会成为菌根在农业应用中的一种优势。通过特定和持续的应激"训练"（即培养）AM 真菌，可提高它们在不同土壤和环境中的生存和适应能力。与此类似，接种锌驯化的 AM 真菌能增强植株对高浓度锌的耐受性，这些真菌在根器官培养系统中经过多代驯化后能在浓度不断增加的锌溶液中生长，为 AM 真菌适应其他的环境条件提供了更多的可能性。

此外，AM 真菌与其他微生物在植物根系及其周围环境中的相互作用也很重要。一方面微生物可以改变菌根共生的功能，另一方面 AM 真菌影响菌根共生的组成。Barbara Mosse 等[26]研究认为一种 AM 真菌只有在添加假单胞菌的情况下才能在根上定植，这一结果在随后使用 AM 真菌和细菌不同组合的研究中得到了证实。"菌根辅助细菌"促进了这种外生菌根相互作用，并被应用于 AM 共生系统中。在这些研究中，用来确定最佳条件的方法各不相同。一种策略是分离菌根孢子和菌丝相关的细菌，进行分离培养后与 AM 真菌混合应用于农业；另一种策略则是基于已知细菌分离株的特性，结合 AM 真菌向寄主植物输送磷酸盐的功能，与固氮细菌结合，以 2 种主要矿质养分支持植物的生长。还有研究中使用磷酸盐细菌，利用细菌溶解磷酸盐和真菌运输磷酸盐之间的协同作用。总体而说，功能细菌与 AM 真菌的结合是改善植物营养和生长的有效途径，通过调整配方或优化接种组合是提高这些产品应用效果的重要途径。然而，由于 AM 真菌的专性生物营养特性，其扩培繁殖需依赖植物栽培，导致接种剂生产成本较高。在田间条件下施用菌根真菌需要大量低成本繁殖体，并需利用现有机械进行施肥。但目前尚无关于亩使用量和作物使用量的统一标准。理想情况下，肥沃土壤中菌根含量为 1 000~10 000 个孢子/L，相当于每公顷（30 cm）土壤中含有 30 亿~300 亿个繁殖体，这些数值对应的相关成本远高于产品宣传的使用量。有效增加土壤菌根数量的策略包括：①使用与菌根密切相关的植物品种生产 AM 真菌（原位）；②在菌根缺乏的特定田块接种适量菌根并应用；③将 AM 真菌与其他微生物（如"菌根辅助菌"）混合配制接种；④通过减少施用量（如种子包衣）来提高菌根产品的有效性[27]。

8.4 结论

长期以来，丛枝菌根（AM）真菌被认为是天然的生物刺激素。由于它们与陆地植物的共同进化史，AM 真菌广泛存在于大多数陆地生态系统中，并且它们的宿主特异性较低，因此作为可持续提升植物生产的一个重要手段被广泛应用。事实上，在许多不同的情况下，菌根共生在促进植物生物量增加和植物健康方面大多表现出显著效果，这主要取决于植物的基因型、真菌接种物的质量和环境条件。AM 相互作用的若干功能及其潜在机制构成了这种共生体系的生态基础，使具备菌根的植物能够通过双向营养交换克服土壤养分和水分匮乏的问题。AM 真菌的另一个重要功能是其对固碳和土壤团聚体形成中的积极作用，可以使土壤质量得到提高。植物可以通过增加主要代谢来响应 AM 真菌的定植，从而提高作物的产量。此外，接种菌根还会影响植物的次生代谢，并引发植物根系形态的变化。在 AM 真菌的应用方面，菌根可用于植物移栽以提升生根效果。然而，也有若干因素制约了菌根应用的有效性。为了成功地将菌根共生技术应用于植物生产，需要考虑多个方面。首先，需明确哪些植物在特定环境条件下，接种 AM 真菌能够取得良好的效果。其次，植物的基因型必须支持共生关系的建立，这意味着菌根依赖型将成为未来植物育种的重要方向。再次，接种应针对具体条件进行，通过生产过程中对 AM 真菌的驯化，并与其他有益的土壤微生物结合应用，以实现最佳效果。最后，还需关注菌根产品的生产成本，以促进其在市场上的推广与应用。

参考文献

[1] Jayne B, Quigley M. Influence of arbuscular mycorrhiza on growth and reproductive response of plants under water deficit: a meta-analysis [J]. Mycorrhiza, 2014, 24 (2): 109-119.

[2] Schläppi K, Köhl L, Bender F, et al. Teamwork im Untergrund: Mykorrhizapilze zur Förderung desPflanzenwachstums [J]. Agrarforschung Schweiz, 2017, 8: 96-101.

[3] Jakobsen I. Vesicular - arbuscular mycorrhiza in field - grown crops: III. Mycorrhizal infection and rates of phosphorus inflow in peaplants [J]. New Phytologist, 1986, 104 (4): 573-581.

[4] Jakobsen I, Abbott L K, Robson A D. External hyphae of vesicular-arbuscular mycorrhizal fungi associated with *Trifolium subterraneum* L. 1. Spread of hyphae and phosphorus inflow intoroots [J]. New Phytologist, 1992, 120 (3): 371-380.

[5] Javot H, Penmetsa R V, Terzaghi N, et al. A Medicago truncatula phosphate transporter indispensable for the arbuscular mycorrhizalsymbiosis [J]. Proceedings of the National Academy of Sciences of the United States of America, 2007, 104 (5): 1720-1725.

[6] Govindarajulu M, Pfeffer P E, Jin H R, et al. Nitrogen transfer in the arbuscular mycorrhizalsymbiosis [J]. Nature, 2005, 435 (7043): 819-823.

[7] Rouphael Y, Franken P, Schneider C, et al. Arbuscular mycorrhizal fungi act as biostimulants in horticulturalcrops [J]. Scientia Horticulturae, 2015, 196: 91-108.

[8] Smith S E, Read D J. MycorrhizalSymbiosis [M]. London: Academic Press, 2008.

[9] Fellbaum C R, Mensah J A, Cloos A J, et al. Fungal nutrient allocation in common mycorrhizal networks is regulated by the carbon source strength of individual host plants [J]. The New Phytologist, 2014, 203 (2): 646-656.

[10] Hodge A, Fitter A H. Substantial nitrogen acquisition by arbuscular mycorrhizal fungi from organic material has implications for Ncycling [J]. Proceedings of the National Academy of Sciences of the United States of America, 2010, 107 (31): 13754-13759.

[11] Nouri E, Breuillin-Sessoms F, Feller U, et al. Phosphorus and nitrogen regulate arbuscular mycorrhizal symbiosis in Petuniahybrida [J]. PLoS ONE, 2014, 9 (6): e90841.

[12] Mariotte P, Canarini A, Dijkstra F A. Stoichiometric N: P flexibility and mycorrhizal symbiosis favour plant resistance againstdrought [J]. Journal of Ecology, 2017, 105 (4): 958-967.

[13] Li X, Georges E, Marschner H. Phosphorus depletion and pH decrease at root-soil and hyphal-soil interfaces of VA mycorrhiza white clover fertilized withammonium [J]. New Phytologist, 1991, 119 (3): 397-404.

[14] Jansa J, Forczek S T, Rozmoš M, et al. Arbuscular mycorrhiza and soil organic nitrogen: network of players andinteractions [J]. Chemical and Biological Technologies in Agriculture, 2019, 6 (1): 10.

[15] 高文童, 张春艳, 董廷发. 丛枝菌根真菌对不同性别组合模式下青杨雌雄植株根系生长的影响 [J]. 植物生态学报, 2019, 43 (1): 37-45.

[16] 张亚敏, 马克明, 李芳兰. 干旱胁迫条件下AMF促进小马鞍羊蹄甲幼苗生长的机理研究 [J]. 生态学报, 2016, 36

(11): 3329-3337.

[17] Leifheit E F, Veresoglou S D, Lehmann A, et al. Multiple factors influence the role of arbuscular mycorrhizal fungi in soil aggregation: a metaanalysis [J]. Plant and Soil, 2014, 374 (1-2): 523-537.

[18] Wilson G W, Rice C W, Rillig M C, et al. Soil aggregation and carbon sequestration are tightly correlated with the abundance of arbuscular mycorrhizal fungi: results from long-term fieldexperiments [J]. Ecology Letters, 2009, 12 (5): 452-461.

[19] Rillig M C, Mardatin N F, Leifheit E F, et al. Mycelium of arbuscular mycorrhizal fungi increases soil water repellency and is sufficient to maintain water-stable soil aggregates [J]. Soil Biology and Biochemistry, 2010, 42 (7): 1189-1191.

[20] Schweiger R, Mueller C. Leaf metabolome in arbuscular mycorrhizalsymbiosis [J]. Current Opinion in Plant Biology, 2015, 26: 9120-9126.

[21] Bedini A, Mercy L, Schneider C, et al. Unravelling the initial plant hormone signalling, metabolic mechanisms and plant defense triggering the endomycorrhizal symbiosis behavior [J]. Frontiers in Plant Science, 2018, 9: 1800.

[22] Abdel-Salam E, Alatar A, El-Sheikh M A. Inoculation with arbuscular mycorrhizal fungi alleviates harmful effects of drought stress on damaskRose [J]. Saudi Journal of Biological Sciences, 2018, 25 (8): 1772-1780.

[23] Maya M A, Matsubara Y. Influence of arbuscular mycorrhiza on the growth and antioxidative activity in cyclamen under heatstress [J]. Mycorrhiza, 2013, 23 (5): 381-390.

[24] Bitterlich M, Franken P, Graefe J. Atmospheric drought and

low light impede mycorrhizal effects on leaf photosynthesis—a glasshouse study on tomato under naturally fluctuating environmentalconditions [J]. Mycorrhiza, 2019, 29 (1): 13-28.

[25] Rillig M C, Aguilar-Trigueros C A, Camenzind T, et al. Why farmers should manage the arbuscular mycorrhizalsymbiosis [J]. New Phytologist, 2019, 222 (3): 1171-1175.

[26] Mosse B. The Establishment of Vesicular-Arbuscular Mycorrhiza under AsepticConditions [J]. Microbiology, 27 (3): 509.

[27] Verbruggen E, Kiers E T. Evolutionary ecology of mycorrhizal functional diversity in agriculturalsystems [J]. Evolutionary Applications, 2010, 3 (5-6): 547-560.

第9章 硅作为生物刺激素在农业中的应用

9.1 简介

对于任何细胞生物而言，其健康状态与抗病能力均取决于其在外部环境不断变化时维持内部平衡的能力；生物刺激素是影响这种平衡维持的一个关键因素。在植物中，病害可分为逆境病害和生物病害。逆境病害是由干旱、极端温度、盐分、营养不平衡和高浓度重金属等因素引发；而生物病害则由植物病原真菌、细菌和病毒等其他生物的侵染引发。当植物内部环境发生变化时，为了恢复稳态，大量的代谢途径和生长过程被改变。硅（Si）是一种矿物元素，可以保护植物免受多种环境变化的影响。尽管其确切的机制尚不清楚，但硅在作物上的应用已展现出良好的效果，特别是在维持植物内部稳态或平衡方面发挥重要作用[1]。所有植物都能积累一定量的硅，这使硅得以作为一种生物刺激素发挥作用。硅能减少逆境胁迫的影响，包括渗透胁迫和营养失衡，同时促进根系生长和生物量的积累，特别是在营养匮缺的条件下，如无土栽培和水培生产中。但当过量使用硅肥时，会产生植物毒性，因此需要进一步了解硅在植物体内的代谢过程。然而，合理施用硅肥可能会进一步突出硅元素的多种益处。尽管硅在增强植物抵御病原体感染的防御机制中发挥作用，并作为农药助剂在商业上得到应用，但本章将重点介绍硅在减轻植物逆境胁迫和促进生长方面的作用。

生物刺激素是一类通过复杂或尚未明确的作用机制促进植物生

长和活力的多样化产品。例如，植物提取物和有益微生物能提供多种酶、代谢物、渗透调节物质、蛋白质等，这些物质被植物吸收后，有助于改善其生长状态；其作用机制较为复杂，通常为多因素协同作用，而非单一的肽类或酶类物质以改善植物的生长状况。硅肥产品与其他肥料产品的不同之处在于，它尚未被美国植物食品管理协会（PFCO）的标准视为一种植物营养元素，但硅能通过维持植物体内稳态的途径促进植株健康生长，尤其在可溶性硅含量较低的土壤或无土基质中最为明显。自1824年瑞典化学家Jöns Jacob Berzelius首次从植物中分离出硅以来，许多生物学家和化学家致力于研究硅对农作物的影响。硅元素含量极其丰富，占地壳的28%。尽管土壤中的硅含量很高，但大多数硅以铝或结晶硅酸盐的复合体形态存在。这些形态不易被生物体吸收和利用。硅酸（H_4SiO_4）是植物和动物吸收硅的主要形式，它以不同浓度存在于土壤溶液、水体和食物中[2]。

9.2 有效硅的检测与分析

H_4SiO_4是植物可利用硅的主要形式，在很大程度上其浓度受生长介质中多种因素的影响，如pH值、介质中物质的化学性质以及植物种类。当溶液浓度超过2.7 mmol/L Si（75.8 mg Si/L）时，硅酸开始聚合成聚硅酸盐。土壤溶液中的硅含量通常含介于0.1~0.6 mmol/L（2.8~17.13 mg/L）。与土壤中1~30 mg/g的无定形二氧化硅相比，泥炭基质往往含有极低浓度的Si（0.5 mg/kg）。灌溉水中硅含量通常为1~5 mg/L，且这一含量在整个生长季内会呈现动态变化[3]。

硅需要以一种易于获取且能以较快速率释放的形式提供给植物。如石英中H_4SiO_4的释放速度非常慢，因此沙子并非植物硅的有效来源。总硅含量并不能反映植物对H_4SiO_4的吸收量。目前，在美国销售的硅肥料需要注明总硅含量或可溶性硅含量（通常称为植物可用硅)。可溶性硅的测定主要通过在碳酸钠-硝酸铵溶液中萃取 5 d 后,测定肥料中释放出的硅浓度。5 d 浸提法作为一种指示性试验,用于评估一种肥料是否能够提供 0.2%~8.4% 的可溶性硅。虽然该方法能说明硅的含量,但这个值并不能提供一个定量值,用于比较不同的硅肥。与许多提取方法一样,5 d 浸提法在多种肥料的硅含量测定中均有效,但也可能因肥料原料不同而产生偏差[4]。值得注意的是,肥料颗粒大小对硅释放有很大的影响。研究表明,使用硅肥处理的作物所吸收的硅总量与肥料 5 d 浸提法测得的硅总量之间存在正相关($R^2=0.6$)。5 d 浸提法要求样品必须通过小于 300 μmol/L 的筛网。随着肥料粒度的增大,植物对硅的吸收量急剧减少,而粒度越小则能显著提高吸收量[5]。因此,浸提法是一种鉴定硅肥的好方法,但还需要进一步摸索其他方法以便于更精确测定硅含量。现阶段,市场上已有许多液态和固态硅肥产品,一些液体肥料配方中含有单硅酸、聚硅酸以及腐殖酸和黄腐酸的混合物,其总硅含量往往可以表示植物可吸收硅的数量。这些产品硅的浓度较高,pH 呈微碱性,在施用前需要进一步稀释,并避免与其他液体肥料混合使用。而其他液体产品则含有较低剂量的硅,可与其他营养物质或植物提取物(如海藻提取物)结合使用。根据种植制度和产品的预期效果,液体硅产品既可以灌根施肥,也可作为叶面肥施用。固体硅肥的原料来源广泛,成分复杂,包括岩石、沉积物以及工农业副产品。岩石中硅灰石的硅含量最多,含量为 6%。这种矿物广泛用于农业、纺织、食品添加剂、陶瓷及其他行业。硅灰石是一种变质岩,主要成分是钙硅酸盐(Ca_2SiO_4)。从沉积岩中开采出来的硅藻土也是一种含硅较多的矿物,这些沉积物中含有硅藻化石,由于不同种类的硅藻在硅组成上存在显著差异,则表现为矿物中硅含量有所不同。还有其他形式的含硅矿石,但并非都能直接向植物提供可利用的硅,其中熔覆岩是一种含有无定形二氧化硅沉积的火成岩;在无土栽培体系中大量使用的泥炭,也不能向植物提供可利用硅,采用 5 d 浸提法也未释放大量的 H_4SiO_4。

工农业废弃物中硅的组成和可用性也各有不同。在炼钢过程中常加入硅作为助剂以去除杂质，剩余产物作为废渣丢弃。这些副产物因钢铁加工类型、起始原料、添加剂及温度处理条件的不同而有所差异[6]。矿渣中的硅不仅包含其他微量元素，还含有丰富的 Ca_2SiO_4。在水培农业中，再生玻璃作为一种非晶态硅酸盐材料被用作容器，能在循环营养液的过程中缓慢释放硅。植物材料也可以提供可溶性硅，因为植物组织内的二氧化硅沉积物可以大量释放 H_4SiO_4。另外，稻壳中含有高浓度的硅，是生长介质中硅的重要来源之一[2]。然而，与其他肥料一样，硅的组成和浓度还受植物类型、组织类型及生长环境的影响。此外，并非所有的泥炭都以相同的速率释放硅。松针含有高浓度的硅，但其内含的酚类化合物组合却抑制了 Si 的释放[7]。其他材料如芒草和麦秸也能提供可溶性硅，但其释放程度因材料种类而异。

9.3 植物硅的积累、运输和沉积

根据植物地上部分 Si 浓度及 Si：Ca 比率，将植物分为高、中、低和非含硅植物。Strigel[8]是最早发现单子叶植物和双子叶植物叶片中 Si 和 Ca 浓度有区别的科学家之一。为了进一步研究这一问题，日本科研人员制定了基于 0.5% 截断值的标准，即植物被动地从蒸腾系数为 500 的溶液中吸收 10 mg/L 的 Si[9]。根据 Si 浓度和 Si：Ca 比这 2 个指标，非含硅植物的值低于 0.5，低含硅植物在 0.5~2 范围内，中含硅植物在 2~4 范围内，高含硅植物在 4 以上[10]。值得注意的是，在这种情况下，高含硅植物因从环境中积累大量 Si，并参照其他营养物质的浓度，通常被称为超含硅植物。植物以不同的速率吸收营养物质，这些物质被区分为大量元素和微量元素。叶面组织中大量元素的浓度超过 1 000 mg/kg（或干重大于 0.1%），而微量元素的浓度通常低于 500 mg/kg（0.05%），除了一些植物的铁和锰含量。Epstein 和 Bloom 将硅和硫（干重浓度大于

0.1%）归类为大量元素[11]。植株中硅积累量大于0.1%被视为高含硅植物，其余则视为低含硅植物。大多数植物积累硅超过0.1%，包括70%以上的双子叶植物。

在确定植物是否积累硅时，前期研究仅仅测定叶面上的硅浓度，而未考虑其他植物器官（如根）中的硅浓度[12]。然而，与叶片相比，三叶草、咖啡、辣椒和番茄的根部可能吸收并积累更多的硅。尽管如此，所有植物均从环境中吸收 Si，并在组织中积累[13]。一般来说，被子植物积累 Si 的浓度在 0.005%~11%。除禾本科外，大多数被子植物的 Si 积累量都在 0.5%~1%，而单子叶和低等被子植物的 Si 积累量较高。在禾本科单子叶植物中，硅含量在 0.1%~11%，积累的硅含量非常高，包括水稻、小麦及部分玉米品种。其他单子叶植物的硅积累浓度为 0.01%~7%，最高可达到 30 000 mg/L。双子叶植物的 Si 积累浓度为 0~11%，超过 40 种植物被报道为富硅植物。例如，欧洲山毛榉的 Si 积累量超过 7%。美国榆、小提琴叶无花果、红桑、滑榆以及无患子属糖枫的叶片硅含量均超过 1%。其他双子叶植物，如黄瓜、菊花、某些向日葵品种、长春花、马鞭草和百日草是典型的富硅植物。许多单子叶植物和双子叶植物的硅含量均超过微量元素的浓度，叶片中 Si 浓度超过 0.1% 的植物应被视为富硅植物[14]。即使植物的叶面硅含量保持在 0.05% 以下，其浓度仍高于锌等微量元素，表明植物在吸收大量营养元素和微量营养元素时，对硅的吸收存在差异。在不同基因型植物之间也表现出硅积累的差异性，如粳稻和籼稻在硅吸收上的差异。不同品种番茄在 2 mmol/L K_2SiO_3 处理下，根组织中含有硅浓度可高达 4%，同时叶片硅也有较高的硅含量。在高硅和缺硅条件下，根组织硅含量存在明显差异，可能与基因的差异表达有关；而在低硅条件下，叶片吸收硅未见差异，没有基因型差异表达。在水稻、矮牵牛和番茄中观察到的基因型表达差异表明，不同品种间可能存在不同程度的 Si 积累[15]。

9.3.1 硅在植物体内的主动与被动运输系统

像其他营养物质一样，植物在不同发育生长阶段，植物通过调控不同的转运体来改变硅的吸收和转运。由于质膜内转运体的存在，介质中的营养物质被吸收。这些蛋白体的浓度和亚细胞位置决定了不同营养物质在细胞内和不同植物器官中的运送量和位置。在水稻突变体中，已鉴定出 2 种类型的 Si 转运体，分别命名为 Lsi1 和 Lsi2，代表水稻中的"低 Si"转运体。Lsi1 被鉴定为被动转运蛋白，属于 nodin-26 内在蛋白（NIP）家族，NIP 是植物中较大的水通道蛋白家族的一个亚群[16]。单子叶和双子叶植物均含有 Lsi1 （NIP2）的 Si 转运体，包括玉米、弯颈南瓜、黄瓜、水稻、大豆、烟草和小麦等。NIP 蛋白具有独特的 GSGR 选择性过滤残基，这与其他 NIP 蛋白的特征不同。由于在其他植物中也发现了 Lsi1 的同源蛋白，因此它们被标记为 NIP2 或 Lsi1 蛋白。NIP2 与其他水通道蛋白一样，对一系列溶质具有渗透性（如亚砷酸盐、甲基化砷、亚硒酸盐）。天冬酰胺-脯氨酸-丙氨酸（NPA）在包含 108 个氨基酸残基的序列中，对于通道的正常功能至关重要，如番茄 NIP2;1 的 NPA 间隔为 109 个氨基酸，则阻碍 Si 转运进入细胞。有趣的是，马铃薯中存在额外的氨基酸，而远缘烟草 NTNIP2;1 的 NPA 间隔为 108 个氨基酸，是一个功能性的 Si 转运体。进一步分析 NCBI 数据库发现，仅有 5 个物种的 NPA 间隔为 109 个氨基酸，6 个物种的 NPA 间隔超过 109 个氨基酸，1 个物种的 NPA 间隔少于 108 个氨基酸，对于这些非典型间隔的 NIP 基因，需要进一步研究确定这些基因的功能。研究还发现，在最后一个跨膜结构域中，氨基酸从脯氨酸转变为亮氨酸导致了 CMNIP2;1 转运蛋白的功能丧失。有趣的是，矮叶矮花和芸薹属（包括拟南芥）家族的成员，在其基因组中并未发现含有 GSGR 过滤残基的 NIP 基因，但它们仍然具有吸收和运输 Si 的能力，并对硅肥的施用表现出有益的效果。此外，使用 OsNIP2;1 突变体在其叶组织中检测到 Si 浓度水平显著低于野生型[17]，这个结论间接说明了植物体内存在硅向植物转移的其他传输机制。

与 Lsi1 不同，Lsi2 蛋白参与了硅跨膜的被动扩散，而 Lsi2 蛋白是多亚基亚砷锑矿（Ars）流出主动转运蛋白家族的一个组成部分。在原核生物中，该操纵子包含多个基因，包含不同组合的 arsA，B，C，D 和 R。AS（Ⅲ）外排是由 arsBarsA 复合体进行的，其中 arsB 是一种跨膜的主动转运体，通过 arsA-ATPase 活性利用 ATP 水解产生的能量进行转运。在没有 arsA 的情况下，arsB 也可以利用 pH 值和/或电化学膜梯度产生的质子动力进行主动转运。arsB 和 arsA 的同源物存在于许多植物物种中，且已从大麦、弯颈南瓜、玉米和水稻中鉴定出 arsB。在植物中，只有该复合体的孔隙部分独立于 arsA-ATPase 存在。植物中 arsA 同源物的存在表明，arsBarsA 复合体可能是一个保守的转运系统，而 arsA 负责胞内物通过 arsB 转运体的有效流出。迄今为止，尚未明确的证据表明这些蛋白质如何相互作用，使胞内物从细胞中流出。在其他含有 arsA 的细胞中，AS（Ⅲ）的底物流出可能是在没有 arsA 的情况下进行的；然而，在同时含有 arsB 和 arsA 的细胞中，外排效率显著提高。但该结论仍需要数据来确定这种 arsA/B 组合是否会增强植株硅外流。

NIP2 和 arsB 在细胞中的位置表明，在根中硅的优先转运是通过共生运动进行的，根毛中含有 NIP2 蛋白，表明该被动转运蛋白参与从生长介质中吸收硅。大麦、玉米和水稻种子根细胞的远端也存在该类蛋白。玉米侧根中 NIP2 分布于整个细胞的远端。在根中，CMLSI1 与 NIP2;1 的远端位置组织相对较少[18]。arsB 往往存在于屏障细胞周围，如外皮层和内皮层，这些细胞限制了胞外硅的运输，迫使硅在细胞内移动。凯氏带是疏水细胞壁层，作为扩散屏障阻止外质体流动，减少溶质和水从根区向根际的流失。硅可诱导水稻和玉米根表皮中凯氏带的形成[19]。在水稻中，被动转运蛋白和主动转运蛋白被排列在根细胞的两侧，而在玉米和大麦中，则未观察到这种排列结构。一旦硅通过内皮层，就被运输到木质部，并通过木质部运输到生长的根和芽。此外，其他转运体可能也参与了硅从生长介质进入根系的过程。例如，使用水稻 *lsi1* 突变体研究表明，硅处理后水稻生长获得改善，且植株内硅沉积增加[20]。

9.3.2 硅在植物组织中的转运与沉积

植物叶组织对硅的利用各不相同。许多植物叶面积累的硅浓度可超过 0.5%，这主要归功于它们具备的生物硅化机制。例如，像水稻和小麦等植物拥有特殊的硅细胞，能将硅沉积到植硅体中，这对植物体的结构支撑至关重要[21]。草类则在种壳中积累无定形的硅，以保护正在发育的种子。其他植物，如百日草、马鞭草和新几内亚凤仙花，则在毛状体基部和表皮组织上方的鳞片上沉积硅。研究表明，拟南芥仅在白粉病感染或经硅处理的情况下，其表皮的硅浓度才会显著增加。这表明植物有不同的硅沉积和/或利用策略，从而解释了不同植物叶片硅浓度差异的原因[22]。烟草和洋葱的叶片组织中硅含量较少，但关于硅是否在这些物种的表皮表面、鳞片和毛状体内的沉积尚未被证实。因此，确定这些微积累硅是否涉及生物硅化过程显得尤为重要。尽管硅确实通过木质部进行转运，但沉积过程并非仅限于蒸腾作用的末端。硅也可以被细胞吸收，并在不同植物的叶片中以不同浓度存在，主要分布在皮下层及其液泡中。硅通常沉积在不同类型的毛状体基部，但其作用机制尚未确定。然而，硅的添加能够影响毛状体的代谢产物。按照 400 kg/hm^2 $MgCaSiO_4$ 施入巴西"黏性"氧化土，能显著增大黄花蒿叶腺毛状体，增加叶片青蒿素的浓度，而高、低剂量的 Si 处理对植株青蒿素含量的影响则不显著[23]。

H_4SiO_4 的根系吸收并不是唯一途径，叶面施用硅也是一种有效的方法。研究表明，H_4SiO_4 具有通过角质层基质迁移的能力，这种迁移可能普遍发生在靠近毛状体和其他叶面结构的叶裂或周边区域，从而使硅能够进入表皮层。H_4SiO_4 溶解于木质部汁液后进入表皮质膜,而水稻叶面表达的 LSi6 的 Si 转运蛋白则负责将 H_4SiO_4 转运至细胞。尽管这一过程可能不如根系吸收硅有效,但它解释了为何需要极高浓度的 H_4SiO_4(高达 1 500 mg/L)进行叶面施肥才有较好的效果。这种施肥处理方式对果园这种种植系统可能是有利的,如需要避免植物免受病虫害或逆境胁迫的侵害,建议每 7 d 进行 1 次叶面喷施硅肥[24]。

除了硅元素能够通过叶表皮基质的转运外,当叶片被喷洒时,也可能触发根系对硅的吸收。与喷施蒸馏水的对照相比,水培烟草植株的叶片中硅积累量也有所增加。这表明,植物可以感知(通过机械/渗透/或水分传感器)液体硅对叶片的作用,并产生促进硅进入叶片的信号。因此,叶面施硅可能通过几种不同的机制达到目的:包括在外角质层形成硅屏障、硅通过角质层或水膜向表皮质膜迁移并被吸收,以及施硅本身诱导硅从根系向芽部转运[25]。

9.4 硅对植物逆境胁迫的生理响应

由于湿度、温度、养分利用率以及氧气和二氧化碳浓度的波动,植物不断面临外部环境的不平衡状态,促使植物采取短期和长期的策略来维持体内平衡。为应对这些变化,植物内部会迅速发生变化,而硅元素参与减少环境极端波动引起的逆境胁迫。不同的外部刺激会触发类似的防御途径或反应,干旱和盐害都会导致细胞面临更高的溶质浓度。许多关于硅对干旱或盐胁迫影响的研究表明,为了适应溶质的不平衡,植物会增加细胞渗透物、调整蒸腾势[26]。丙二醛(MDA)是脂质过氧化的最终产物,用于定量活性氧(ROS)引起的细胞损伤程度。酶在逆境应激反应中起着重要的作用,能够减少细胞破坏过程中产生的活性氧。逆境胁迫后的酶活性取决于胁迫的类型、持续时间、强度以及植物的种类。清除活性氧的关键酶包括 SOD、CAT、POD 和 APX;SOD 负责将超氧化物分解为过氧化氢,而过氧化氢随后可被 CAT 分解为水和氧气[27]。

此外，其他酶和非酶蛋白也能分解不同的自由基。细胞对盐分或干旱引起的渗透胁迫的主要反应是调节渗透压并维持盐浓度在可承受范围内[28]。一般而言，渗透胁迫会增加植物体内脯氨酸、游离氨基酸和多胺的浓度。酶活性的变化通常发生在长期的渗透胁迫下，这是由于细胞调节代谢过程以应对溶质浓度的变化而产生自由基。除了酶活性的变化，高浓度的 ROS 还能通过脂质过氧化作用破坏细胞膜。MDA 是脂质过氧化反应后产生的一种醛，可以通过电解质渗漏或 MDA 浓度来定量细胞膜氧化程度。尽管这些保护途径大多具有特定性，但它们的渗透调节、酶活性变化以及胁迫的持续时间和强度均因植物种类而异。此外，研究人员利用 NACL 和聚乙二醇（PEG）诱导植物产生渗透胁迫，虽然这 2 种物质都打破了植株的水分平衡，但它们可能触发不同的抗逆保护途径，这主要是因为 Na^+ 是植物内部各种代谢机制中的重要电解质。在 100 mmol/L NaCl（持续 2 h）胁迫条件下，1.67 mmol/L 硅酸钠（Na_2SiO_3）处理的高粱表现为叶片长度、光合速率、相对含水量、气孔导度、蒸腾速率、水势和水力传导度的提升，同时 SOD 和 CAT 活性也有所提高；而 POD 活性降低，APX 活性无明显变化[29]。在盐胁迫下处理莳萝时，Na_2SiO_3 提高了 CAT、SOD 和 POD 的酶活性，但对 APX 无显著影响。盐胁迫条件下，硅处理的植株叶绿素 A 和 B 含量较高，MDA 含量较低，但脯氨酸和可溶性糖含量无差异。在无盐胁迫条件下，硅处理也降低了植株的地上部鲜重、干重和根系干重，植株的钠钾水平也随着硅的添加而改变。硅可以改变钾和钠在盐胁迫植物中的分布。例如，在 120 mmol/L 盐胁迫下，Na_2SiO_3 处理的马齿苋叶片钾浓度升高至对照水平，而钠浓度略有降低[30]。在 100 mmol/L 盐胁迫下，施用硅酸钾（K_2SiO_3）的芦荟叶片表现出钾含量增加，钠含量降低。进一步研究 ATP 酶的作用发现，在盐胁迫条件下，硅处理使 $PM-H^+-ATP$ 酶活性恢复到对照水平，而盐胁迫后，液泡膜 ATP 酶和磷脂酸磷酸酯酶（PPASE）活性增加，但未达到对照水平。X 射线微分析表明，无论有无盐胁迫或硅肥处理,芦荟根的表皮、皮层和石细胞中 Na、Cl 和 K 的浓度相似,这说明硅并非简单通过与生长介质中的 NaCl 相互作用使植株耐盐,而是在植物内部产生差异性的影响。与单独盐处理相比,硅处理的芦荟叶片更厚、鲜重更高,这表明植物内部的水分获得保留,盐胁迫部分得到缓解[31]。黄瓜在 65 mmol/L NaCl 和 0.83 mmol/L Na_2SiO_3 处理条件下,其鲜重、根冠比、叶绿素含量和净光合速率均有所提高。此外,蒸腾速率、叶片含水率、渗透势和根系导水率也有所增加,这主要由于叶片中钾浓度略微升高而钠含量降低所致。植株体内游离腐胺含量显著增加,而多胺(如亚精胺)含量显著降低。多胺能在植物的渗透胁迫(如离子胁迫、盐胁迫和干旱胁迫)中起着渗透调节物质的作用[32]。在 75 mmol/L 和 150 mmol/L NaCl 处理并外加 2 mmol/L K_2SiO_3 的条件下,盐敏感辣椒品种的干重、叶面积增加,光合作用和蒸腾速率增强。对于另一种辣椒品种,在 50 mmol/L 盐胁迫条件下施用 1.8 mmol/L K_2SiO_3,其生长状态明显改善,地上部和根长、地上部直径、根数及鲜重与对照相比均有显著性差异,净光合作用、气孔导度和蒸腾速率明显增加。通过凝胶电泳可以观察到硅处理植株在蛋白质浓度上的差异。与对照相比,在氯化钠胁迫和非胁迫条件下,经硅处理的植株中 SOD、GPX、CAT 和 APX 等酶活性也有所提高[33]。此外,添加 2 mmol/L K_2SiO_3 和 100 mmol/L NaCl 均能增加野生甘草根长、株高、茎粗和植株干重,并显著提高了内源 GA_3、I-氨基酸和 ABA 浓度。在 0.5% NaCl 胁迫条件下,0.5 g/L 和 1.0 g/L 的 H_4SiO_4 能够提高醋栗叶绿素含量、类胡萝卜素浓度和气孔密度。在 100 mmol/L NaCl 胁迫条件下,采用 0.5 g/L K_2SiO_3 处理金银花,其鲜重显著增加,而干重没有变化,表明这些植物的水分含量较高。盐胁迫下植物叶片和根系的钠浓度显著降低,而钾浓度与未处理植物相比无明显变化。硅虽然能保护类囊体膜和球蛋白免于过多降解,但同时也降低了光合速率、蒸腾速率和气孔导度。但金银花中硅浓度却随着根部和地上部 K_2SiO_3 的增加而增加。植物吸收硅后，将其沉积在叶片和茎秆中，可以提高植物组织和茎秆的机械强度，使植物具有更好的受光姿态和更大的受光面积。胁迫通常会破坏叶片结构，而硅可以沉积在细胞壁周围从而抑制膜系统的退化，维持栅栏组织中叶绿体的形态，提高植物的光合速率。有研究发现，盐胁迫破坏了大麦叶片叶绿体的双层膜结构，而硅则增强了盐胁迫下叶绿体膜结构的稳定性。在干旱胁迫下，硅通过优化水稻类囊体膜蛋白成分来改善其光合性能。此外，硅还保护了盐胁迫下棉花幼苗叶绿体 PSiI 的结构和功能的完整性，从而提高了净光合作用速率。在甘草的研究中，叶面施用硅降低了盐胁迫下叶绿素的分解，促进了水分的运输和有机物的生产和运输，从而促进光合作用。

适量施硅可以显著改善胁迫条件下植物的光合性能，促进光合作用，提高植物抗逆性。硅改善植物光合性能的机制主要有以下几方面：①增加气孔导度，改变气体交换关系。Maghsoudi 等[34]研究表明，外源硅能够增加干旱胁迫下小麦叶片的气孔导度，从而提高 CO_2 固定能力和净光合速率。干旱胁迫下高粱幼苗的气孔导度极低，而硅的添加促进了其根系生长，并维持了较高的光合速率和气孔导度。此外，硅还显著增加了盐胁迫下棉花幼苗的有效气孔密度和气孔孔径。②降低蒸腾水分消耗。硅能够改变干旱胁迫下野生大豆叶片结构以降低蒸腾水分的消耗，提高植物的光合效率。有研究发现，硅能够降低干旱胁迫下牧草的蒸腾水分损失，从而提高水分利用效率。③提高光化学效率，优化光能利用率。硅对光合作用更为直接的影响在于它能在光系统之间更好地分配光能，从而提高干旱胁迫和盐胁迫下植物 PSⅡ 最大光化学量子产量（Fv/Fm）和 PSⅡ实际量子产量［Y（Ⅱ）］，改善胁迫对植物光合作用的抑制作用。④降低氧化胁迫。硅可以增强抗氧化能力，降低氧化胁迫对细胞生物化学过程的影响，或者保持叶绿体和类囊体膜的完整性来促进光合作用。硅介导的蛋白质调控机制能够优化线粒体对光合作用的促进作用，进而增强番茄叶绿体中的光能捕获效率并促进非光化学淬灭（NPQ）的消耗，抑制干旱胁迫诱导的活性氧（ROS）积累。⑤增加光合相关酶活性。研究发现，硅显著增加了盐胁迫下棉花幼苗光合作用相关酶的活性，如铁氧还蛋白-NADP再还原酶（FNR）、ATP合酶和核酮糖-1,5-二磷酸羧化酶/加氧酶（Rubisco），从而促进了光合作用。

在旱盐胁迫下，外源硅能有效缓解胁迫对植物生长的抑制作用，促进生物量积累。维持光合和呼吸代谢是硅增强植物耐盐耐旱性的重要手段之一。硅通过保护叶片光系统结构、增加叶绿素含量、降低氧化胁迫来提高光合系统功能；通过增加气孔导度、降低蒸腾水分损失来提高水分利用效率；通过提高光能利用率和增强碳固定过程，以促进植物光合作用；通过保护线粒体膜结构和调控呼吸代谢途径，为植物生命活动提供更多的ATP以抵抗胁迫。目前关于硅提高植物耐寒耐盐性的研究已有不少理论积累，但仍有许多问题有待解决。

9.5 硅对植物重金属耐受性的影响

植物利用多种机制来避免重金属中毒，包括避免、螯合和隔离。由于硅的多功能性，许多研究表明，当硅被添加到培养介质中时，植物组织中的重金属浓度显著降低。这可能表明，硅的首要作用是螯合生长介质中的重金属，从而降低植物吸收的重金属浓度。虽然这一机制有助于植物抗重金属，但可能涉及其他内部抗胁迫机制，这些机制可能包括调控控制细胞氧化状态的酶和非酶因子。纳米二氧化硅处理降低了豌豆根系对铬的吸收，这表明豌豆的部分耐受性可能是由于对生长介质中铬的隔离，导致更少的Cr（VI）转移到茎秆中。同时，根系中的SOD和CAT活性也随纳米二氧化硅添加量的增加而增加，APX活性略有增加。此外，谷胱甘肽还原酶（GR）和脱氢抗坏血酸还原酶（DHAR）的活性也随着纳米二氧化硅的加入而增强。除硫元素外，豌豆根和地上部各元素的养分浓度均较对照显著提高（$P<0.05$）[35]。在 1.85 mmol/L $AlCl_3$ 和 0.5 mmol/L Na_2SiO_3 条件下，铝敏感马铃薯根系中的铝含量显著增加，但叶片中的铝含量低于胁迫对照。在铝胁迫条件下，添加硅还增加了芥菜根系的数量，但对根生物量或地上部分生物量无影响。硅和砷处理的植物根系中半胱氨酸和脯氨酸含量均高于对照和反砷处理的植物[36]。在大白菜开花过程中，添加 5μmol/L Na_2SiO_3 显著增加了细胞壁中镉的浓度，同时降低了胞外体和共质体的浓度，从而降低了木质部汁液中的镉含量[37]。这表明除了硅存在时可能导致的根部镉浓度升高之外，镉的减少还归因于由于根组织对镉的固定作用。用 30 μmol/L $CuSO_4$ 处理柽柳 13 d 后，其根、茎的生长和叶片营养物质浓度明显降低，而添加 1.0 mmol/L K_2SiO_3 的植株与对照组相比，生长仅略有下降。此外，还观察到不同代谢和激素反应的相关基因表达的变化。硅能够通过植物体内外的隔离来减轻重金属的毒性，从而降低细胞内的金属浓度。同时，与施硅相关的酶活性增强也导致了 ROS 的减少，保护细胞免受各种损伤。

9.6 逆境胁迫条件下硅对植物的应激反应与促生作用

除了能够缓解渗透胁迫和重金属毒害外，硅还能保护植物免受其他胁迫的影响，包括营养匮乏和极端温度胁迫。在缺铁条件下，用 1.5 mmol/L H_4SiO_4 处理的黄瓜在无铁营养液中生长 7 d 后，与对照组相比，其叶片的叶绿素含量和根茎生长均显著提高[38]。用 100 mg/L K_2SiO_3 处理的丹参，在 35℃下放置 2 d，其叶片组织中表现出应激诱导的硅积累，浓度分别从 130 mg/kg 增加到 307 mg/kg 和 107 mg/kg 增加到 255 mg/kg[39]。在低温胁迫条件下，H_4SiO_4 处理的玉米幼苗中 I-氨基酸、玉米素、茉莉酸（JA）和水杨酸（SA）的含量显著增加，而 ABA 和 GA 含量甚至高于非低温胁迫对照。在低温胁迫条件下，硅处理的玉米根系激素水平与非胁迫对照相同[40]。柠檬果实浸泡在 50 mg/L 的 K_2SiO_3 中，在 -0.5℃ 条件下保存 28 d，表现出最小的冻害损伤。但高浓度（250 mg/L）处理则在 21 d 和 28 d 时出现冻害增加。硅对柠檬的保护作用可能是因为增加果实的抗氧化活性，能使植物更快地适应其直接环境的短期波动，如局部营养缺乏或温度变化[41]。但硅的保护机制尚未明确，需要进一步深入研究。

硅对植物的抗逆性影响显著，同时在不同的作物生产过程施用硅肥对生长参数如株重、茎粗和果蔬的耐储性等也有明显的影响。通过叶面和灌根 2 种方式使用 H_4SiO_4 可以提高多种植物的产量和生长状况[42]。硅可以促进生物量的积累，但具体的影响部位因植物种类而异。硅可以促进干旱胁迫下牧草根部的碳积累，将碳分配给根系以发展细根网络，增加根系长度和生物量并提高水分利用效率，从而增强牧草的抗旱性。Peixoto 等[43]研究发现，硅通过促进向日葵叶面积增加，提高植物对 CO_2 的总同化量，从而促进生物产量的增加（24%~39%）。陈文瑞等[44]研究发现，施硅增加了中低盐浓度下高羊茅的地上、地下生物量和根冠比，促进了更多的生物量向根部分配。

细胞分裂素是一种重要的植物激素，参与多种细胞反应，既能促进又能抑制茎和根的生长，并减少叶片衰老[45]。硅酸可诱导水稻 NIP2 野生型和转基因拟南芥中的细胞分裂素表达[46]，细胞分裂素的增加进而抑制了硅处理的离体叶片的衰老。在氮匮乏条件下，用 1.7 mmol/L Na_2SiO_3 处理甘蓝型油菜后，植株细胞分裂素增加，叶片衰老减缓。采用硅处理还能延长康乃馨和向日葵的鲜花保鲜期，分别为 8 d 和 2~4 d。此外，与对照组相比，硅处理的鲜花叶片叶绿素含量和 SOD 活性增加，而脯氨酸、MDA 和乙烯合成酶（ACO）的含量降低，抑制了乙烯的产生。但采用 1.5 mmol/L 硅溶液处理银花切花时，虽然货架期仅增加了 1 d，但 ACO 和 MDA 含量有所下降。相比之下，采用 0.08 g/L 偏硅酸处理豇豆，其细胞分裂素玉米素含量降低，ABA 浓度增加，茎和花梗强度增强[47]。ABA 是另一种关键激素,参与调节植物的发育过程和防御反应。水培溶液中添加 10 μmol/L ABA 降低了水稻根系对硅的吸收[48]。对烟草的初步研究表明,当叶面施硅 25 μmol/L 时,烟草叶片中的硅浓度也相应降低。另有研究发现,硅通过抑制种子中 ABA 生物合成基因 (*NCED1* 和 *NCED2*) 和赤霉素分解代谢基因 (*GA2ox*) 的表达,降低 ABA 水平,维持高赤霉素水平并增加 α-淀粉酶活性,从而改善盐胁迫下黄瓜种子的发芽情况[49]。但硅对干旱和盐胁迫下种子萌发的促进作用存在浓度效应,具体效果受胁迫种类、强度和植物品种等多种因素影响。

研究表明,硅能单独影响植物从萌发到果实成熟的整个生长过程。添加硅可以提高不同种类的植物发芽率、植株大小和光合参数。有研究发现,使用 8 g/L (8 000mg/L) 平均粒径为 12 nm、表面积为 200 m^2/g 的二氧化硅纳米颗粒能显著提高番茄的发芽率、种子活力和幼苗干重。应用 Ca_2SiO_4 可明显增加兰花幼苗的生长,包括表皮和叶肉厚度的增加[50]。与对照组相比,1.5 mmol/L 的 H_4SiO_4 处理的芥菜幼苗能显著增加侧根形成。添加固体硅肥或灌根 10~20 mg/L 硅肥可以增加柑橘幼苗的根重。添加 0.7 mmol/L Na_2SiO_3 能够增加芥菜的叶面积、根和茎长以及干重。此外,在非胁迫条件下,施硅还增加了植株叶片的净光合作用、叶绿素和类胡萝卜素含量,并抑制了根组织对铬的吸收[51]。用 Na_2SiO_3 制成的 10 μmol/L 纳米二氧化硅颗粒处理豌豆,能够提高鲜重和干重、根长和芽长,同时提高叶片叶绿素、类胡萝卜素和蛋白质的总含量[35]。总体而言,施硅量在 0.5%~1.0%时,植株鲜重和干重有所增加,当施硅量为 1.0%时,根系、地上部和全株的干重显著增加。研究还表明,硅处理能增加棉花、小麦、玉米对钾和铁的吸收,同时促进油菜、小麦对镁和锌的吸收,以及棉花、油菜对磷的吸收。在硅处理条件下,棉花对硼的吸收量有所降低[52]。此外,基施无水 K_2SiO_3 (140 g/m^3) 能增加向日葵茎和花的高度及直径,而叶面喷施 50 mg/L、100 mg/L 和 150 mg/L Na_2SiO_3 则仅增加了向日葵茎的直径[53]。

硅对多细胞和单细胞生物均有益处。然而，硅在微生物代谢过程中的角色，包括与植物的共生关系还没有明确的结论。但硅很可能对植物和微生物之间复杂的相互关系产生积极影响。在非胁迫和干旱条件下，与对照组相比，添加 3 mmol/L Na_2SiO_3 处理的草莓根系中根瘤菌和丛枝菌的比例有所增加[54]。此外，在干旱胁迫和硅处理下，植物能够增加地下部和地上部生物量以及叶片相对含水量，同时降低叶片渗透势。施用来自稻壳的纳米二氧化硅颗粒后，玉米根系土壤中的碱解磷、固氮微生物种群数量均有所增加[55]。此外，Na_2SiO_3 和纳米 SiO_2 颗粒的施用增加了解钾细菌种群，而纳米 SiO_2 颗粒和 H_4SiO_4 的添加则增强了固氮细菌的活性。

9.7 总结与未来趋势

在逆境条件下，硅可能在维持植物体内平衡中发挥重要作用。硅处理的植物表现出较低水平的胁迫表现，如 MDA 和生理参数（如蒸腾作用、叶绿素含量和酶活性）均与非胁迫类似。显然，硅作为一种生物刺激素，可以增强植物对外界刺激的内部反应。随着科研人员和农业生产者越来越意识到硅作为生物刺激素的潜力，硅肥的应用将越来越广泛。

参考文献

[1] Hill J F. Chemical Research on Plant Growth by Theodore deSaussure [M]. New York: Springer, 2012.

[2] Frantz J M, Pitchay D D S, Locke JC, et al. Silicon is deposited in leaves of New Guinea impatiens [J]. Plant Health Progress, 2005, 6 (1). DOI: 10.1094/PHP-2005-0217-01-RS.

[3] Knight C T G, Kinrade S D. A primer on the aqueous chem-

istry of silicon//Datnoff L E, Snyder G H, Korndörfer G H, eds. Silicon in Agriculture, Volume 8: Studies in Plant Science. [C] Amsterdam: Elsevier, 2001.

[4] Sebastian D, Rodrigues H, Kinsey C, et al. A 5-day method for determination of soluble silicon concentrations in nonliquid fertilizer materials using a sodium carbonate-ammonium nitrate extractant followed by visible spectroscopy with heteropoly blue analysis: single - laboratoryvalidation [J]. Journal of AOAC International, 2013, 96 (2). DOI: 10. 5740/jaoacint. 212-243.

[5] Tubana B S, Babu T, Datnoff L E. A review of silicon in soils and plants and its role in US agriculture: history and futureperspectives [J]. Soil Science, 2016, 181: 393-411.

[6] Klimczyk A, Stachura R, Bernasowski M, et al. Silicon behavior at the blast furnaceprocess [J]. Journal of Achievements in Materials and Manufacturing Engineering, 2012, 55: 712-715.

[7] Fraysse F, Cantais F, Pokrovsky OS, et al. Aqueous reactivity of phytoliths and plant litter: physico-chemical constraints of terrestrial biogeochemical cycle ofsilicon [J]. Journal of Geochemical Exploration, 2006, 88 (1-3): 202-205.

[8] Strigel A. Vergleichende Untersuchungen: A. Über Mineralstoffaufnahme verschiedener Pflanzenarten aus ungedüngtem Boden. B. Über den Einfluss der botanischen Natur, der Herkunft und der Erntezeit auf die chemische Zusammensetzung von Wiesenheu [J]. Landwirtschaftliche Jahrbücher, 1912, 43 (1): 349-371.

[9] Ma J F, Takashashi E. Soil, Fertilizer and Plant Silicon Research inJapan [M]. Amsterdam: Elsevier Science, 2002.

[10] Takahashi E, Ma J F, Miyake Y. The possibility of silicon as an essential element for higherplants [J]. Comments on mod-

ern chemistry. Part B, Comments on Agricultural and Food Chemistry, 1990, 2 (2): 99-102.

[11] Epstein E, BloomA J. Mineral Nutrition of Plants: Principles and Perspectives (2nd edn.) [M]. Sunderland: Sinaeur Associates Inc, 2005.

[12] Hodson M J, White P J, Mead A, et al. Phylogenetic variation in the silicon composition ofplants [J]. Annals of Botany, 2005, 96 (6): 1027-1046.

[13] Huang C H, Roberts P D, Datnoff L E. Silicon suppresses fusarium crown and root rot oftomato [J]. Journal of Phytopathology, 2011, 159 (7-8): 546-554.

[14] Wu Z, Wang F, Liu S, et al. Comparative responses to silicon and selenium in relation to cadmium uptake, compartmentation in roots, and xylem transport in flowering Chinese cabbage (*Brassica campestris* L. ssp. chinensis var. *utilis*) under cadmium stress [J]. Environmental and Experimental Botany, 2016, 131: 173-180.

[15] Boldt J, Altland J. Cultivar variation in silicon accumulation and distribution in Petunia xhybrida [J]. HortScience, 2017, 52 (9): S198.

[16] Ma J F, Yamaji N, Mitani N, et al. An efflux transporter of silicon inrice [J]. Nature, 2007, 448 (7150): 209-212.

[17] Lin Y, Sun Z, Li Z, et al. Deficiency in silicon transporter Lsi1 compromises inducibility of anti-herbivore defense in riceplants [J]. Frontiers in Plant Science, 2019, 10: 652.

[18] Mitani N, Yamaji N, Ago Y, et al. Isolation and functional characterization of an influx silicon transporter in two pumpkin cultivars contrasting in silicon accumulation [J]. The Plant Journal: for Cell and Molecular Biology, 2011, 66 (2):

231-240.

[19] Fleck A T, Schulze S, Hinrichs M, et al. Silicon promotes exodermal casparian band formation in Si-accumulating and Si-excluding species by forming phenolcomplexes [J]. PLoS ONE, 2015, 10 (9): e0138555.

[20] Isa M, Bai S, Yokoyama T, et al. Silicon enhances growth independent of silica depositions in a low - silica mutant, lsi1 [J]. Plant and Soil, 2010, 331 (1-2): 361-375.

[21] Kumar S, Soukup M, Elbaum R. Silicification in grasses: variation between different celltypes [J]. Frontiers in Plant Science, 2017, 8: 438.

[22] Frantz J M, Locke J C, Datnoff L, et al. Detection, distribution and quantification of silicon in floricultural crops utilizing three distinct analytical methods [J]. Communications in Soil Science and Plant Analysis, 2008, 39 (17-18): 2734-2751.

[23] Rostkowska C, Mota C M, Oliveria T C, et al. Si-Accumulation in Artemisia annua glandular trichomes increases artemisinin concentration, but does not interfere in the impairment of Toxoplasma gondii growth [J]. Frontiers in Plant Science, 2016, 7: 1430.

[24] Pozza E A, Pozza A A A, Botelho D M S. Silicon in plant diseasecontrol [J]. Revista Ceres, 2015, 62 (3): 323-331.

[25] Das K, Roychoudhury A. Reactive oxygen species (ROS) and response of antioxidants as ROS-scavengers during environmental stress inplants [J]. Frontiers in Environmental Science, 2014, 2: 53.

[26] Burg M B, Ferraris J D. Intracellular organic osmolytes: function andregulation [J]. The Journal of Biological Chemistry, 2008, 283 (12): 7309-7313.

[27] Shekari F, Abbasi A, Mustafavi S H. Effect of silicon and selenium on enzymatic changes and productivity of dill in saline conditions [J]. Journal of the Saudi Society of Agricultural Sciences, 2017, 16 (4): 367-374.

[28] Kafi M, Rahimi Z. Effect of salinity and silicon on root characteristics, growth, water status, proline content and ion accumulation of purslane (Portulaca oleracea L.) [J]. Soil Science and Plant Nutrition, 2011, 57 (2): 341-347.

[29] Wang S, Liu P, Chen D, et al. Silicon enhanced salt tolerance by improving the root water uptake and decreasing the ion toxicity in cucumber [J]. Frontiers in Plant Science, 2015, 6: 759.

[30] Altuntas O, Dasgan H Y, Akhoundnejad Y. Silicon-induced salinity tolerance improves photosynthesis leaf water status, membrane stability, and growth in pepper (Capsicum annuum L.) [J]. HortScience, 2018, 53 (12): 1820-1826.

[31] Manivannan A, Ahn Y K. Silicon regulates potential genes involved in major physiological processes in plants to combatstress [J]. Frontiers in Plant Science, 2017, 8: 1346.

[32] Maghsoudi K, Emam Y, Ashraf M, et al. Alleviation of field water stress in wheat cultivars by using silicon and salicylic acid applied separately or incombination [J]. Crop and Pasture Science, 70 (1): 36-43.

[33] Tripathi D K, Singh V P, Prasad S M, et al. Silicon nanoparticles (SiNP) alleviate chromium (VI) phytotoxicity in *Pisum sativum* (L.) seedlings [J]. Plant Physiology and Biochemistry, 2015, 96: 189-198.

[34] Dorneles A O S, Pereira A S, Rossato L V, et al. Silicon re-

[35] Wu Z, Wang F, Liu S, et al. Comparative responses to silicon and selenium in relation to cadmium uptake, compartmentation in roots, and xylem transport in flowering Chinese cabbage (*Brassica campestris* L. ssp. chinensis var. *utilis*) under cadmium stress [J]. Environmental and Experimental Botany, 2016, 131: 173-180.

duces aluminum content in tissues and ameliorates its toxic effects on potato plant growth [J]. Ciência Rural, 2016, 46 (3): 506-512.

[36] Pavlovic J, Samardzic J, Maksimovic V, et al. Silicon alleviates iron deficiency in cucumber by promoting mobilization of iron in the root apoplast [J]. New Phytologist, 2013, 198 (4): 1096-1107.

[37] Soundararajan P, Sivanesan I, Jana S, et al. Influence of silicon supplementation on the growth and tolerance to high temperature in Salviasplendens [J]. Horticulture, Environment, and Biotechnology, 2014, 55 (4): 271-279.

[38] Moradtalab N, Hajiboland R, Aliasgharzd N, et al. Silicon and the association with an arbuscular-mycorrhizal fungus (*Rhizophagus clarus*) mitigate the adverse effects of drought stress onstrawberry [J]. Agronomy, 2019, 9 (1).

[39] Mditshwa A, Bower J P, Bertling I, et al. Investigation of the efficiency of the total antioxidants assays in silicon-treated lemon fruit (*Citrus limon*) [J]. Acta Horticulturae, 2013, 1007 (1007): 93-102.

[40] Laane H M. The effects of the application of foliar sprays with stabilized silicic acid: an overview of the results from 2003-2014 [J]. Silicon, 2017, 9 (6): 803-807.

[41] Peixoto M L, Putti F F, Moraes J C. Silicon and acibenzolar-

s‑methyl to induce resistance against Bemisia tabaci biotype B and the effects on common beanplants [J]. 2018, 42 (1). DOI: 10.5958/0974-4576.2018.00001.4.

[42] 陈文瑞, 蒋朝, 周齐新. 不同盐分条件下硅对两个高羊茅品种生物量分配和营养元素氮、磷、钾吸收利用的影响 [J]. 草业学报, 2022, 31 (5): 51-60.

[43] Kieber J J, Schaller G E. Cytokinin signaling in plantdevelopment [J]. Development, 2018, 145 (4): dev149344.

[44] Markovich O, Steiner E, Kouril Š, et al. Silicon promotes cytokinin biosynthesis and delays senescence in Arabidopsis andSorghum [J]. Plant, Cell and Environment, 2017, 40 (7): 1189-1196.

[45] Kazemi M G, Holami M G, Bahmanipour F. Effect of silicon and acetylsalicylic acid on antioxidant activity, membrane stability and ACC-oxidase activity in relation to vase life of carnation cut flowers [J]. Biotechnology, 2012, 11 (2): 87-90.

[46] Yamaji N, Mitani N, Ma J F. A transporter regulating silicon distribution in riceshoots [J]. The Plant Cell, 2008, 20 (5): 1381-1389.

[47] 柳帆红, 吕剑, 郁继华, 等. 硅对自毒胁迫下黄瓜种子萌发和生理特性的影响 [J]. 西北农林科技大学学报 (自然科学版), 2020, 48 (12): 90-96.

[48] Soares J D R, Pasqual M, Araujo A Gd, et al. Leaf anatomy of orchids micropropagated with different silicon concentrations [J]. Acta Scientiarum. Agronomy, 2012, 34 (4): 413-421.

[49] Ashfaque F, Inam A, Inam A, et al. Response of silicon on metal accumulation, photosynthetic inhibition and oxidative stress in chromium-induced mustard (*Brassica juncea* L.) [J]. South African Journal of Botany, 2017, 111: 153-160.

[50] Mehrabanjoubani P, Abdolzadeh A, Sadeghipour H R, et al. Silicon affects transcellular and apoplastic uptake of some nutrients in plants [J]. Pedosphere, 2015, 25 (2): 192-201.

[51] Kamenidou S, Cavins T J, Marek S. Silicon supplements affect horticultural traits of greenhouse-produced ornamental sunflowers [J]. HortScience, 2008, 43 (1): 236-239.

[52] Moradtalab N, Weinmann M, Wlker F, et al. Silicon improves chilling tolerance during early growth of maize by effects on micronutrient homeostasis and hormonalbalances [J]. Frontiers in Plant Science, 2018, 9: 420. DOI: 10. 3389/fpls. 2018. 00420.

[53] Rangaraj S, Gopalu K, Rathinam Y, et al. Effect of silica nanoparticles on microbial biomass and silica availability in maize rhizosphere [J]. Biotechnology and Applied Biochemistry, 2014, 61 (6): 668-675.

第 10 章 微生物和非微生物生物刺激素的设计与研发

10.1 简介

为了增加作物产量并确保粮食安全,迫切需要采用一种新的、可持续的生产方式。生物刺激素生产商已经开发出针对特定农业需求的创新产品,并引起监管部门、科学界及种植者的广泛关注。生物刺激素的优势包括改善养分吸收、利用及效率,减少化学肥料的使用,提高产品质量,并增强作物对逆境胁迫(如干旱、盐碱和极端温度)的耐受性[1]。现阶段,市场上已经推出种类繁多的生物刺激素,包括采用天然原材料提取、化学合成方法制备,以及利用有益微生物发酵等。2023 年,全球市场规模约为 43 亿美元,预计到 2025 年将达到 49 亿美元。市场增长的主要因素是:①产品功能的显著提升(如产量增加 5%~15%,质量提升;农用化学品使用量减少 10%~15%);②创新(新产品的研发与应用方式的探索,跨国公司与资本的参与);③市场规模的扩大(在大田作物中的广泛应用,以及土壤、种子和水肥一体化的新应用);④可持续性(减少肥料和农药的投入,促进可持续农业发展)[2]。由于制造生物刺激素具有高利润,企业投资热情高涨,大量投资进入生物刺激素市场;但其中一些企业对生物刺激素行业知之甚少,且对产品的研发投资不足。因此,企业通常与科研机构合作,加大研发力度,以期开发出具有市场潜力的生物刺激素产品。由于缺乏统一的监管,导致创新灵活性有限,市场竞争激烈且混乱。2019 年 6 月 25

日，欧盟官方发布第一个包括生物刺激素规定的欧盟施肥产品法规（2019/1009），并于2022年7月16日正式实施。该法规将生物刺激素定义为一种能够刺激植物营养过程，改善植物或植物根际在养分使用效率、逆境胁迫的耐受性、土壤或根际区域限制性养分可用性等方面特性的产品，并明确将其分为非微生物和微生物2类。几种微生物已被列入微生物生物刺激素，如丛枝菌根真菌、根瘤菌属、固氮菌属和螺旋菌属。

美国于2018年12月20日签署农业改进法案（农场法案），在法律中明确了关于植物生物刺激素的法定定义，这是美国首次承认植物生物刺激素作为农业新兴技术的重要法律。农场法案将植物生物刺激素描述为"一种物质或微生物，当其应用于种子、植物或根际时，刺激生长过程以增强或有益于植物营养吸收、营养效率、逆境胁迫的耐受性或作物质量和产量"。从欧盟法规和农场法案中的生物刺激素定义来看，生物刺激素主要依据其功能而非其本质来界定。因此，开发生物刺激素活性测试程序至关重要。新生物刺激素的开发是一个漫长的过程，不仅涉及严格的测试程序，还涵盖质量控制、原材料选择、生产过程和产品配方的优化。这种科学程序可以确保产品的创新开发，增强生物刺激素行业的可信度。现阶段存在3个主要瓶颈阻碍种植者大规模应用生物刺激素：①产品质量的差异化导致标准化困难及生物刺激素产品性能不稳定；②缺乏对生物刺激素产品的生理和分子作用机制的了解；③种植户缺乏对生物刺激素解决方案的特定效果认知，包括最大限度降低成本的认知。在本章中，首先介绍植物生物刺激素的生产过程，随后详细介绍2个生物刺激素开发的过程。

10.2 生物刺激素的开发过程

生物刺激素的传统开发方法基于测试物质或微生物样本对植物可能产生的特定生物功能；这一种方法已被广泛应用于许多工农业

第10章 微生物和非微生物生物刺激素的设计与研发

废弃物（如皮革工业中的胶原蛋白）的开发利用。近年来，许多企业开始采用基于代谢途径和生物学原理的"特定目的"策略研发新产品。这些生物刺激素产品针对特定目的量身定制，如提高耐寒性、促进根系发育和养分吸收、减少果实开裂等。植物生物刺激素的开发过程首先考虑确定新产品的潜在功能与市场定位，随后进入生产阶段，生成产品原型样本，并在受控环境条件下进行准确测试，以评估生物刺激素活性并了解其生理和分子作用模式。在生产过程中对产品进行质量控制，保证生物刺激素性能的一致性；然后，在温室和田间试验中进行效果测试，以优化不同作物种植系统中产品的使用量、应用时间和应用方法等应用技术；之后，将表现最佳的产品提交于相关国家监管机构进行登记；最后，大规模生产并进行市场化推广[3]。

10.2.1 产品创意的生成与初步评估

在第一阶段，研发人员、营销团队与用户充分沟通，确定新生物刺激素产品所针对的问题及市场前景。通过查阅相关的科学论文，获取有价值的信息，包括新型微生物菌株、创新原料或活性化合物[4]。在开发微生物菌群型生物刺激素时，考虑不同菌种在同一产品中的配伍是非常重要的，必须避免与相互抑制菌种进行组合（如丛枝菌根真菌和哈茨木霉)[5]。选择微生物菌株必须避免使用病原菌，即使它们具有生物刺激活性（如藤枯镰刀菌、根癌农杆菌和大肠杆菌）。此外，还需要评估产品对人类和环境的毒性，以及是否会引起人体过敏反应。在缺乏有关生物刺激素监管的情况下，可以考虑将产品注册为肥料，并在其中添加营养元素。在原材料的选择上，应倾向于成本较低的材料，并充分利用工农业有机废弃物。但是，由于工农业有机废弃物的成分差异较大，因此难以确保生物刺激素产品成分的一致性。无论原料的来源如何，关键在于确保含有足够量的生物活性物质，以维持最终产品中的生物刺激活性[6]。但是，该方法并不适用于所有生物刺激素，由于生物活性分子尚不明确，其功能作用模式尚待研究。此外，一些生物刺激素可能作为组成成分与其他物质共同使用才能发挥作用。

10.2.2 流程开发过程

生产过程的开发需要涉及不同的专业，包括生物学、化学、微生物学、工程学以及商业/经济学。生产的产品需要确定非微生物和微生物生物刺激素中有效生物活性成分或繁殖体的含量。对于非微生物生物刺激素，需采用多种工艺从不同原材料中最大化提取或生产生物活性化合物。例如，海藻生产行业采用各种专有的提取工艺来破坏海藻细胞，并释放生物活性化合物（如多糖、糖醇、甜菜碱、酚类化合物、维生素、植物激素等）至提取物体系中。其中一些过程包括碱提取、酸提取、冷细胞裂解技术、超临界 CO_2 提取和微波辅助提取等。提取物的化学组成在很大程度上取决于提取方法和生产过程中使用的化学物质。因此，通过不同提取工艺获得的提取物的生物活性可能存在较大差异。同样，工业蛋白水解物的生产使用不同的水解方法（如在酸性或碱性条件下的化学水解、酶水解、热水解或多种方法的组合），从富含蛋白质的原料中产生生物活性物（如氨基酸和肽）。蛋白水解物的化学组成变化同样取决于生产工艺与过程。酶法水解产生的蛋白水解物中肽的浓度通常比化学法水解产生的水解物高，而游离氨基酸浓度变化则相反。化学水解可以破坏几种氨基酸（如色氨酸）来改变氨基酸组成，并将其从 L-形式转化为 D-形式（如通过拉氏化）来降低游离氨基酸的生物活性。由于生物体蛋白质中的氨基酸只存在 L-形式，植物无法直接利用 D-氨基酸进行新陈代谢，使得具有高拉氏化程度的蛋白水解物对植物无效甚至存在潜在毒性。因此保持在整个保质期内产品质量、安全性和有效性的稳定性（即产品稳定性）是监管部门批准产品上市的前提。对于含有机物质的非微生物生物刺激素产品，其复杂性使得稳定性可能难以实现。如果产品采用叶面喷雾或灌根的方式，则液体产品的物理化学稳定性必须得到保证。液体产品中的成分存在多种反应而发生聚合和沉淀,这些反应受到化学成分、pH值和温度的影响。通过去除关键物质(如海藻提取物中的藻酸盐)、调节pH值或选择适宜的存储条件(10~35℃),可避免发生反应以延长保质期。此外,还可以向产品中添加抗氧化剂(如抗坏血酸)来防止生物活性物质被氧化而丧失效果。

有机产品的生物稳定性至关重要。微生物可以通过使用有机物作为碳源来改变产品的理化特性。因此,需要在液体配方中创造一个抑制微生物生长的环境(如通过酸化、增加盐度或添加抗菌防腐剂),以降低微生物活性。对于基于微生物的生物刺激素,需生产高浓度、高活性的繁殖体作为接种剂。结合微生物接种剂和培养载体,通过改变繁殖体的存活率,提升产品应用于作物的效果。菌根真菌繁殖体的生产可采用3种不同过程:①在田间条件下共培养菌根真菌和寄主植物;②在温室条件下使用灭菌的惰性基质共培养菌根真菌和寄主植物;③体外共培养菌根真菌和胡萝卜的毛状根。

相同菌株在不同生产过程中获得的活体数量差异较大。田间生产的接种物比实验室培养的接种物的成本低,但存在接种物浓度较低及易受植物病原体污染的风险。温室生产的接种物不含病原体,含有高浓度的菌根孢子,具有菌根化潜力大的优点[7]。体外生产接种物也有类似特点,但生产的孢子体积较小,储备物质少,细胞壁薄,体外生产的接种物与温室生产的接种物相比应用效果相对较差。孢子的收集、处理和包装是生产过程中的关键环节,需防止孢子受损,并将其与载体混合以延长菌根真菌的保质期;包装材料应防潮并避免紫外线辐射,以避免产品失去活性。在优化筛选生产工艺后,应进一步开展中试生产,以测试产品的活性。

10.2.3 筛选生物刺激素产品

新型生物刺激素样品需要在受控条件下进行评估,此外,明确其作用机制是验证生物刺激活性的关键因素。实验室通常采用生物测定法来评估样品的激素活性。通过测定玉米胚芽伸长率或番茄生根情况，可以评估生物刺激物质的生长素活性；而评估矮豌豆茎的伸长率或生菜下胚轴的伸长率可用于确定赤霉素活性[8]。此外，还有多种测试可用于测定生物刺激素的细胞分裂素活性。通过明确不同激素量-反应的关系，可以将产品激素活性确定为参考激素［即生长素活性（吲哚-3-乙酸）、赤霉素活性（GA_3）和细胞分裂素活性（激动素）］的等效参考物[9]。使用模式植物拟南芥来评估生物刺激素的激素活性。现已分离并鉴定出多种对特定激素产生形态反应的拟南芥突变体，以明确植物激素参与代谢的作用[10]。通过拟南芥激素数据库（http：//ahd.cbi.pku.edu.cn）可以快速了解激素相关基因的信息，包括序列、功能类别、突变情况、表型描述等信息，为筛选不同激素活性样本的拟南芥突变体提供依据，获取相关作用模式的信息（即激素的生物合成、代谢、运输、感知和信号转导）。受控环境测试也可用于筛选产品，以提高模式作物（即拟南芥和MICRO-TOM）的逆境胁迫耐受性；将多种胁迫与不同生物刺激素处理（类型、时间、剂量、应用方法）同时应用于模式作物的种子或幼苗，测量其形态生理性状（如种子发芽率、茎生物量、根生物量、叶面积、叶绿素含量、叶绿素荧光、气孔导度、叶温和叶气体交换量），以评估生物刺激素处理在改善作物胁迫响应方面的有效性[10]。采用高通量植物表型平台能够同时筛选大量样品，该技术利用非侵入式传感器自动、快速、实时地对多个植物生长和发育性状进行评分。转录组学、蛋白质组学和代谢组学技术也可以应用于评价产品的性能，以确定其对植物的作用模式。基于高通量表型技术和代谢组学的方法已成功应用于番茄，识别出具有生物刺激活性的新型植物源蛋白水解物，并揭示其在代谢水平上对植物的影响。

10.2.4 质量控制和安全

作为一类产品，缺乏适当的质量控制和生产标准化是无法进入市场的。尽管多数国家都已建立了一整套针对肥料生产和质量控制的标准,但现阶段针对植物生物刺激素的标准尚未完善,其多样性阻碍了质量和安全控制。在最新的欧盟肥料产品法规(2019/1009)中,明确了植物生物刺激素的安全参数指标,如重金属(如六价铬、铅、汞、镍、无机砷、铜、锌)的限量、磷酸盐含量、人类致病微生物(如沙门氏菌属、大肠杆菌、李斯特菌、弧菌属、志贺氏菌属、金黄色葡萄球菌、肠球菌科)的限制、厌氧细菌的限制(除非微生物生物刺激素为需氧细菌)以及酵母和霉菌的限制(除非微生物生物刺激素为真菌)。生产过程必须严格控制原材料,以防止生物刺激素产品被其他化合物或微生物污染。生产车间、设备和器皿必须定期进行清洁和消毒。质量控制还需要根据产品类型考虑其他物理、化学和生物指标。对于非微生物生物刺激素,质量控制包括外观、水溶性、pH值、有机物/碳含量、湿度、密度和矿物成分,以及特定成分如碳水化合物(海藻提取物)、氨基酸、肽水解度(针对蛋白质水解物)、腐殖酸和黄腐酸,还有生长调节剂(针对海藻、蛋白质水解物和植物提取物)。由于非微生物生物刺激素的成分非常复杂,含有众多未知的生物活性化合物,可以使用化学指纹图谱(代谢组学分析)来表征和监控产品质量。该方法适用于所有类型的植物生物刺激素,并且不受其原料来源及所涉及的生物活性化合物的限制。对于微生物植物生物刺激素,其质量控制则包括微生物菌株种类、含量及其活性、重金属和病原体的限量。

10.2.5 田间试验

通过筛选试验(生物测定)选择出最佳产品配方后,需要进行田间试验验证生物刺激素的活性,并明确生物刺激素×基因型×环境的相互作用。田间试验还需确定不同作物的最优使用剂量、施用方式及时间等应用技术。在保护地栽培条件下,由于每年可以进行多作物周期栽培,通过在温室试验,可以短时间内快速评估生物刺激素产品的应用效果；同时，也可以在果树和大面积田间作物（如谷物、大豆、向日葵、甜菜和甘蔗）上进行测试评估，但由于这些作物的生长周期较长，每年只能进行一次试验。使用高通量植物表型平台可以显著提高田间评估生物刺激素应用效果的能力，评估过程可重复且客观，同时节省人力，提高效率。目前，市场上已有多个高通量植物表型平台已应用于田间试验，如表型观测系统、自主移动感测平台和无人机。这些平台配备多功能传感器（包括高分辨率可见光、叶绿素荧光、热红外、高光谱和 3D 激光传感器），用于监测作物的非破坏性形态生理性状[11]。表型特征应与组学分析（如代谢组学、蛋白质组学或转录组学）相结合，以研究产品的作用机制。

10.2.6　法规与市场定位

生物刺激素产品应根据国家相关法规进行注册登记。然而，许多国家缺乏针对生物刺激素的产品标准，且对包装上"生物刺激素"一词的使用有所限制，制约了生产企业对产品特性的描述和区分。因此，一些企业通过以下方式进行规避：①避免夸大宣传其对植物的益处，将产品注册为肥料、菌剂或土壤改良剂；②虽夸大应用效果，但将产品注册为植物保护性产品，即使在科学上可能更接近杀虫剂或植物生长调节剂的定义[12]。

10.3　工业案例研究

10.3.1　丛枝菌根菌接种剂

丛枝菌根是菌根真菌与根的共生体，能显著增强宿主的养分吸收能力及抗逆性[7]。多年来人们致力于研究菌根接种剂，但大规模应用的案例还不多，这主要是由于菌根真菌接种剂在提高作物产量方面的有效性较低，且接种物向作物的有效传递存在困难。为了解决这些问题,西班牙 Atens 公司于 1994 年开始生产丛枝菌根真菌-根球囊霉 BEG72 接种剂,随后又开发了丛枝菌根真菌-摩西管柄囊霉 Funneliformis mosseae BEG234 接种剂。这 2 种菌根真菌株能够广泛与宿主植物建立共生关系,并具备促进多种作物产量提升和品质改善的功效,被选为商业化菌种。Atens 开发了较为先进的体内菌根生产工艺,包括以下步骤:①在温室条件下,于韭葱幼苗上接种筛选出的菌根真菌菌株;②在温室条件下,将接种后的幼苗移植到培养盆中培养 4 个月;③在韭葱叶片衰老阶段,从根部/基质中收集繁殖体;④对繁殖体进行处理,最终制成产品。

在受控环境条件下使用活体生产菌根真菌繁殖体,生产出的粉末产品具有保质期长(超过 5 年)、不含病原体和重金属等方面的优点。该活体繁殖技术确保了接种物中含有高浓度的菌根真菌(即枯草芽孢杆菌 MHBM77 和枯草芽孢杆菌 MHBM06)。这些细菌与菌根孢子和菌丝相关联,可以通过以下方式增加菌根接种的有效性:①促进菌根孢子萌发、根部定植和菌丝生长;②增强菌根的养分吸收效率;③产生植物刺激化合物;④对多种植物病原体存在拮抗活性。通过以上方式,显著增强了丛枝菌根真菌(AMF)产品的功能性。通过持续监测物理化学和生物因素(如温室环境条件、基质、灌溉水和肥料组成、宿主作物的形态生理特征、菌根配伍菌种及菌根根部定植情况等)对生产过程进行严格的质量控制,包括对最终产品进行特定分析,以确保菌根菌株、菌根孢子浓度、孢子活力、菌根配伍菌株以及病原体和重金属含量符合相关产品标准。菌根真菌接种物还可以与其他腐生真菌菌株联合使用,如绿色木霉 AT10 或康宁木霉 TK7。这些木霉菌株能够在广泛的温度(10~30℃)和土壤条件 [pH 值从 5.5 到 8.0,高含盐量(3% NaCl)] 下快速生长,通过产生类生长素化合物(刺激根系生长)、铁载体(参与铁和其他植物营养元素的吸收与转运)及激活作物次生代谢(提高产品品质和作物抗逆性)等方式对作物施加刺激作用。采用固态无菌小麦麸皮基质发酵生产木霉菌,培养的孢子具有壁厚和储备物质丰富的特点,因此产品保质期较长;而液体培养生产的木霉繁殖体则含有大量菌丝,但产生的孢子壁薄或不完整,导致产品的保质期较短。这两种木霉菌株与丛枝菌根真菌高度配伍,而哈茨木霉(T. harzianum)通过菌丝寄生和竞争根部感染位点来抑制菌根真菌活性,因此不能与丛枝菌根真菌共培养。开发包含丛枝菌根真菌、木霉属菌株和菌根促生菌接种剂,促进微生物之间的协同互作,增强接种剂的生物刺激活性[13]。

为解决有益微生物接种于作物的难题,Atens公司利用菌粉接种剂,开发了多种用于种子处理、土壤/基质施用及滴灌的接种剂。2014年,公司开发了一种含有混合肥料、有机物、菌根真菌、木霉菌和有益细菌的微生物片剂,该片剂在移栽时直接置于种植孔中,简化了园艺作物的接种过程。通常,仅施用丛枝菌根真菌时,需要1~2个月以建立稳定的共生关系后,才能观察到显著效果。为了使微生物接种对作物的效果立竿见影,可以将肥料和有机物添加到菌根接种剂中,以促进根系和芽快速生长及养分吸收。同时,片剂中还包含了木霉孢子体,以进一步增强根系生长、养分吸收及作物对逆境胁迫的抵抗力。选择混合设备和采用制作片剂的技术实现微生物的片剂产品。通过优化粉末成分(微生物芽孢、肥料、有机物质)及选择适宜的片剂制作且不损害孢子活性的参数,公司成功生产出了高质量的微生物片剂进行室内与田间试验。大量研究表明,在温室条件下,移栽时施用该微生物片剂与对照相比,能显著增加作物植株的干重,其中生菜增长167%,甜瓜增长56%,辣椒增长115%,番茄增长68%,西葫芦增长58%;此外,该片剂的施用还对生菜和西葫芦的鲜重(+70%)和果实产量(+15%)产生了积极影响,这主要归因有益微生物对植物刺激效应和作物营养状况的改善(如生菜中N、P、Fe、Mn、Zn和B的浓度增加,西葫芦中P、Fe、Zn和B的浓度增加)[14]。2018年,Atens公司又开发了一种新型微生物片剂,用于增强移栽植物的水分和养分吸收能力,这种片剂添加了能够增加水分吸收和减少养分流失的亲水性植物纤维（国际专利号 WO2018134465）。

10.3.2 蛋白质水解物

蛋白质水解物是一种植物生物刺激素，富含多肽、寡肽和氨基酸，主要通过部分水解蛋白质得到。近年来，种植者对植物源蛋白质水解物的兴趣日益增长，这主要归因于其在促进作物表现方面的积极作用，特别是在应对逆境胁迫或满足有机农作物生产需求时更为显著[15]。Italpollina 公司研发了一种先进的酶解水解技术，应用于蚕豆蛋白的水解过程，旨在生产商业化的植物源蛋白质水解物。研发的思路是利用原料来源于植物生物质作为原料，生产一种富含有机氮的低成本液体肥料，以提供一种替代合成氮肥的选择。通过大量调研，植物源蛋白被作为生产可溶性有机氮化合物的最佳来源。通过采用商业蛋白水解酶，利用其对蛋白肽键的高度特异性切割能力，实现连续化生产所需的蛋白质水解物，生产出符合质量标准的产品（具有高溶解度、稳定性、适宜的氮含量和低盐指数）。最初，Italpollina 公司选择委内瑞拉本土的蚕豆种子作为主要原料，自 1990 年起即在委内瑞拉投资兴建植物提取物和液体肥料的生产设施，后续因为成本原因选择大豆粕作为主要原料。最初，公司通过制曲过程进行发酵来获取植物蛋白水解物，利用米曲霉（*Aspergillus oryzae*（*Asp. oryzae*））在植物基料上生长并分泌多种降解酶，将淀粉和蛋白质水解成糖和氨基酸，将不溶性蛋白质转化为可溶性肽和氨基酸，所产生的可溶性碳水化合物还能被酿酒酵母进一步转化为酒精[16]。尽管由米曲霉生产的植物蛋白水解物具有生物刺激活性，但由于处理过程复杂，同时在生产过程中需要维持无菌和温控条件，以米曲霉为基础的生产工艺推广较为困难。一种双糖/纤维提取与商业水解酶相结合的方法作为替代工艺，利用真菌培养水解发酵的植物生物质，该工艺可以处理不同程度的水解需求，通过调整蛋白水解酶类型和植物原料的组合，实现规模化生产，并测定了各生产过程中的产品产量及其物理化学特性（如溶质含量、溶解度、pH值、盐分、氮含量、蛋白质水解度、氨基酸组成、碳水化合物和生长调节剂含量）。采用高通量表型平台可测试产品的生物刺激活性，并确定了产品的激素活性。通过数百次田间试验，筛选出表现最佳的产品种类，包括最佳施用量（1~5 L/hm²）、施用方法（灌根、浸种和叶面喷施）和施肥时机（播种前、播种时、植物生长期、开花期、果实生长期、发育期和成熟期）等。研发生产的豆科植物蛋白水解物 Trainer® 产品含有5%的总氮，主要以可溶性肽（27%）的形式存在，而自由氨基酸含量较低。现阶段几种豆科植物蛋白水解物中的肽已被确定为信号分子（"肽激素"），在调控植物生长发育、开花、受精、果实生长和植物对逆境胁迫的响应等方面发挥重要作用。这些肽激素具有较短的氨基酸链（小于50个氨基酸）和特定的氨基酸序列，且在极低的浓度（纳摩尔级别，nmol/L）下表现出具有生物活性，如具有特定12个氨基酸序列的侧根促进肽即为例证。豆科植物蛋白水解物在许多试验中表现为提升光合作用、水分利用效率、养分吸收能力、抗逆境胁迫能力以及作物产量和质量。此外，研究还发现，将豆科植物蛋白水解物 Trainer® 叶面喷施于生菜上，可以刺激叶际有益微生物的生长，从而展现出植物刺激作用和对某些植物病原体的拮抗活性。

10.4 未来趋势

随着人工智能和机器学习等先进技术的飞速发展，生物刺激素领域正迎来新的变革。利用这些技术，企业不仅能够开发新型生物刺激素产品，还能识别更多的生物活性化合物并筛选出具有潜力的新原料或菌株。当前，大多数企业在生物刺激素的生产和原料选择上呈现出高度专业化的趋势。同时，工农业废弃物作为潜在的植物生物刺激素来源，逐步成为废弃物循环利用经济模式的基础。最近的研究表明，不同类型植物生物刺激素的联合应用能够产生协同效应。例如，Rouphael等[17]证明了微生物片剂Asir®（*Rhizophagus intraradices BEG*72和*T. atroviride* MUCL45632）与植物蛋白水解物Trainer®的联合应用比单独应用微生物生物刺激素，更能有效缓解盐碱胁迫对生菜生长的负面影响。这一发现为企业利用微生物和非微生物成分之间的协同作用，更有效开发出生物刺激素新产品奠定基础。

参考文献

[1] Colla G, Rouphael Y. Biostimulants inhorticulture [J]. Scientia Horticulturae, 2015, 196: 1-2.

[2] Markets and Markets. Biostimulants market outlook & industry demandanalysis [EB/OL]. (2019-01-01) [2023-11-28]. https://www.marketsandmarkets.com.

[3] Castelliong G, Markham S K. Perspective: New product failure rates: influence of argumentum ad populum and self-interest [J]. Journal of Product Innovation Management, 2013, 30 (5): 976-979.

[4] Brown P, Saa S. Biostimulants inagriculture [J]. Frontiers in Plant Science, 2015, 6: 671.

[5] Rouphael Y, Colla G. Synergistic biostimulatory action: designing the next generation of plant biostimulants for sustainableagriculture [J]. Frontiers in Plant Science, 2018, 9: 1655.

[6] Caradoglia F, Battaglia V, Righi L, et al. Plant biostimulant regulatory framework: prospects in Europe and current situation at internationallevel [J]. Journal of Plant Growth Regulation, 2019, 38 (2): 438-448.

[7] Rouphael Y, Franken P, Schneider C, et al. Arbuscular mycorrhizal fungi act as biostimulants in horticulturalcrops [J].

Scientia Horticulturae, 2015, 196: 91-108.

[8] Gvulru G, Heszzy L E. Auxin and cytokinin bioassays: a short-overview [J]. Acta Agronomica Hungarica, 1994, 43 (1-2): 185-197.

[9] Colla G, Rouphael Y, Canaguier R, et al. Biostimulant action of a plant-derived protein hydrolysate produced through enzymatichydrolysis [J]. Frontiers in Plant Science, 2014, 5: article 448.

[10] Peng Z Y, Zhou X, Li L, et al. Arabidopsis hormone database: a comprehensive genetic and phenotypic information database for plant hormone research inArabidopsis [J]. Nucleic Acids Research, 2009, 37 (Database issue): D975-D982.

[11] Rouphael Y, Spíchal L, Panzarová K, et al. High-throughput plant phenotyping for developing novel biostimulants: from lab to field or from field to lab? [J]. Frontiers in Plant Science, 2018, 9: 1197.

[12] Biological Products Industry Alliance. [EB/OL]. (2020-01-01) [2023-11-28]. https://www.bpia.org.

[13] Fiorentino N, Ventorino V, Woo SL, et al. Trichoderma-based biostimulants modulate rhizosphere microbial populations and improve N uptake efficiency, yield and nutritional quality of leafyvegetables [J]. Frontiers in Plant Science, 2018, 9: 743.

[14] Colla G, Rouphael Y, Di Mattia E, et al. Co-inoculation of Glomus intraradices and Trichoderma atroviride acts as a biostimulant to promote growth, yield and nutrient uptake of vegetablecrops [J]. Journal of the Science of Food and Agriculture, 2015, 95 (8): 1706-1715.

[15] Colla G, Nardi S, Cardarelli M, et al. Protein hydrolysates as biostimulants in horticulture [J]. Scientia Horticulturae,

2015, 196: 28-38.

[16] Su G, Ren J, Yang B, et al. Comparison of hydrolysis characteristics on defatted peanut meal proteins between a protease extract from Aspergillus oryzae and commercialproteases [J]. Food Chemistry, 2011, 126 (3): 1306-1311.

[17] Rouphael Y, Colla G, Giordano M, et al. Foliar applications of a legume-derived protein hydrolysate elicit dose-dependent increases of growth, leaf mineral composition, yield and fruit quality in two greenhouse tomato cultivars [J]. Scientia Horticulturae, 2017, 226: 353-360.

第11章 生物刺激素对养分利用效率（NUE）的影响

11.1 简介

植物生物刺激素被欧盟认定为一种肥料产品，其具有刺激植物营养改善的功能，主要作用是改善植物或植物根际的一个或多个以下特性：①提高养分利用效率（NUE）；②提高作物对逆境胁迫的耐受性；③改善作物品质；④提升土壤或根际限制性养分的可用性。

养分利用效率（NUE）的含义根据其在农业环境中的使用以及用户的理解不同而有所差异。从种植者的角度来看，NUE可能仅指通过增加肥料或生物刺激素投入获得的更多回报，而环境科学家则主要关注减少养分流失到环境中的问题，植物育种家主要感兴趣的是每单位养分产生的产量与生物量。种植系统的NUE指"所有N的输入中被作物移除的部分，包含在作物残体纳入土壤有机物和无机N库中的比例"。这是对NUE最全面的定义，需测定试验前后土壤无机和有机养分含量、收获前后作物部分中所有养分含量来进行计算。近年来，很多研究者报道了关于NUE及其测定的复杂性。Fixen等[1]确定了生物刺激素的应用与响应相关的2种NUE测量方法。生物刺激素可能影响NUE，主要通过促进根系生长、增强土壤养分的溶解及加强养分吸收过程，使植物能够获取更多的土壤养分，从而增加农学养分利用效率（AE）。然而，这一影响需要满足以下2个条件：①在未使用生物刺激素的条件下，养分不足以满足作物的需求；②通过添加生物刺激素，使原本无法获得的养分变得可利用，这可能是由于促进了根系生长、微生物或根系的溶解作用使得养分得以活化。如果生物刺激素仅作用于增加茎叶生长或产量，从而增加了总养分需求，那么它也可以在短期内提高 AE。生物刺激素的促生效果并不表明内部效率（IE）的提升，但仍然对整个系统的 NUE 十分重要，能够确保更大比例的土壤可利用养分被作物吸收。这种效应还能更有效地利用前茬作物的养分残留。在胁迫条件下，生物刺激素有助于减轻植物所受的胁迫压力，通过提高 AE 而实现高产。生物刺激素还可以通过影响植物内部养分的分配，或改变给定单位养分在代谢反应中的利用效率，直接作用于养分内部利用效率。因此，复合或螯合植物养分，或以其他方式增加养分向重要器官分配的产品也被归类为生物刺激素。生物刺激素还可以通过调节参与植物内部养分运输的基因表达来改善"植物营养过程"。

研究者对主要生物刺激素关于 NUE 影响的机制进行了深入研究，这些生物刺激素包括腐殖质、微生物生物刺激素、海藻提取物和蛋白水解物。虽然还有许多其他产品，包括非植物必需的无机元素、合成分子、发酵代谢物、微藻及大量原料提取物等，但由于许多产品缺乏具体的表征指标，其对作物的作用机制还需进一步探索。

11.2 腐殖质和黄腐酸物质

腐殖质和黄腐酸物质是化学结构复杂的天然物质，由自然分解的有机体产生，广泛存在于各类土壤中。黄腐酸可以从植物、动物、泥炭、褐煤以及工农业有机废弃物中提取。HA 是地球上最丰富的天然有机分子之一，自 20 世纪初以来，在各种作物生产中得到了广泛应用，对植物生长和氮利用效率（特别是农业效率 AE）产生了直接和间接的影响[2]。当大量施用时，富含腐殖质和黄腐酸的物质（统称为腐殖质，HA）可以改善土壤的物理化学特性，并通过直接提供养分或作为土壤有益微生物生长的碳源,间接影响植物生长和氮利用效率[3]。虽然长期使用堆肥、粪肥或有机农业废弃物能显著提高 AE,但这些做法不应被视为生物刺激素的应用,因为在农田应用时,其使用量远远超过商业生物刺激素的常规施用量。施用大量富含 HA 的有机物质以改变土壤特性的做法,主要被视为土壤改良剂而非生物刺激素。通过滴灌或少量精准施用至根区,可能对根际的土壤理化性质及微生物环境产生较小但有益的改善,从而对植物生长产生潜在的较大影响,而类似于土壤改良剂通过改变养分可用性来最终影响 AE。HA 还被证明可以直接影响植物的生理生化过程。因此,HA 具有双重功能,即通过"络合途径(土壤)"和"生化(分子)途径"发挥作用[4]。关于 HA 对植物营养影响的研究多集中在 Fe、N 和 P 等元素。HA 的来源、提取、分离和纯化对其组成及在植物上的特定生理效果具有重要影响。由于缺乏标准化的方法来量化产品中"生物活性"腐殖质的比例,HA 功能的产品有效性不能从其宣称的含量中推断,只能通过对特定产品进行严格的农业试验验证。

11.2.1　与养分利用效率相关的作用模式

11.2.1.1　腐殖质对植物生长的影响

腐殖质(HA)处理能够增加根部或茎部生长,可能是通过增强对土壤储备养分的利用,从而在短期内提高 NUE 和 AE。现有大量证据表明,各种 HA 材料对植物生长(包括茎和根)均有促进作用[5],包括大豆、小麦、玉米和番茄等多种作物。HA 对植物生长的影响主要归因于其中存在的生长素和类生长素,这些物质能够刺激根系的生长。HA 是否含有类生长素与其来源有关,较年轻的材料(如堆肥、蚯蚓粪)中的 HA 可能含有植物激素或类似物,而较老的 HA 来源(如泥炭、煤、褐煤等)则基本上不含这些物质[6]。很多研究表明,HA 对植物生长的影响表现为根生长(如根伸长量和根生物量的增加)和产量增加,通过增强作物对逆境胁迫的耐受性，可能改善植物生长，进而提高 NUE。Anjum 等[7]研究表明，在干旱胁迫条件下，玉米（Zea mays L.）上应用黄腐酸可以改善其生长状态，可能是由于黄腐酸中的类生长素提升了作物叶片的叶绿素含量，但对作物营养吸收并无显著影响。HA 对植物的次生代谢和逆境胁迫缓解有显著影响，直接改变 NUE，可能是由于其诱导或抑制了相关蛋白质的合成、增加了酶活性并改善了植物的生理状态所致。HA 对根部生长的刺激作用，通过植物生长对养分需求效应或通过根系可扩展的土壤空间增加营养吸收来改变 NUE[8]。增加的根部扩展是否有利于植物营养吸收将取决于养分的区域匮缺程度。因此，在营养液中生长或在高剂量施肥和良好灌溉条件下的农业田地中生长的植物，其从增强的根中获得的养分吸收提升并不明显。HA 对 AE 的生长增强效应取决于生长介质中是否有足够的营养来支持增强的根系在土壤中的扩展并满足增加的作物养分需求。多数研究都是在理想条件下进行的，结果表明 HA 对植物生长的影响是有益的，但仅有很少数田间条件下的研究考虑了 HA 对环境压力与 NUE 之间相互作用的影响（尽管理想条件下对溶液培养和介质培养的作物有一定的相关性，但并不明显表明这些好的结果能在田间条件下重现，因为考虑到作物和土壤生物代谢过程产生的大量天然有机物和腐殖质，以及田间环境条件和土壤养分可用性与实验室研究相比存在显著差异[9]），部分田间试验结果与受控生长研究结果存在矛盾。

11.2.1.2 植物养分吸收、养分溶解度和利用

早期的一些研究认为，HA 的"生物刺激素"效应被归因于其增强根部生长和对根区难溶性 Fe 的吸收作用[2]。然而，低剂量应用 HA 也被证实对植物生化物质、分子途径或生理过程以及根部生长和发育、作物产量、养分吸收、叶绿素含量和基因表达有直接作用。事实上，无论根部还是叶面施用，存在于养分溶液或根部介质中的 HA 不仅可以增强溶液中 Fe 的稳定性和溶解度，还可以刺激植物对 Fe 的吸收和移动。虽然大部分关于 HA 和植物营养的研究

都集中在 Fe 营养上，但 HAs 对 NUE 的刺激效应也可能源于其通过维持养分溶解析出和 HA 与微量元素形成复合物而提升利用率（如 Mn、Fe、Cu 和 Zn）的相关机制[10]。HA 与微量元素络合形成植物可利用的形式，减少了沉淀反应，增强了作物对土壤微量元素的吸收，进而提高了 AE。Zanin 等[11]认为 HA 刺激 Fe 营养存在多种机制：①天然存在于土壤中或添加到根部介质中的 HA 可能通过形成 HA-Fe 复合物和改变正常的土壤-Fe 沉淀和氧化反应，增加了植物可利用的 Fe。已有明确的证据显示，稳定的 Fe-HA 复合物通过植物根际介导的方式增强了 Fe 的可用性。②HA-Fe 复合物还可能直接作用于植物生理过程，通过增强植物内部的运输以及强化根和芽对 Fe 的吸收相关系统，这些系统包括 Fe（Ⅲ）-螯合还原酶（LeFRO1）、Fe 运输基因（LeIRT1 和 LeIRT2）[13]和叶片运输系统（CsFRO1、CsIRT1、CsNRAMP）。③HA 材料还具备诱导植物根形态的变化的能力，这往往取决于现有的土壤条件，可能不仅增强了 Fe 的吸收，还增强了其他养分元素的吸收。Canellas 等[14]研究表明，蚯蚓堆肥衍生的腐殖质（HA）的应用扰乱了养分感应，导致养分积累增加和生长改善，可能是通过一个参与生长和控制细胞增殖的高度保守的基因 $zmTOR$ 的差异表达来实现的。还有研究表明，腐殖酸的应用增加了植物的养分吸收，特别是氮（N），通过增加参与硝酸盐运输的基因的表达，腐殖酸提取物对硝酸盐吸收和硝酸盐转运蛋白（BnNRT1.1 和 BnNRT2.1）的表达以及根部硝酸还原酶（NR）活性的影响，增强了 N 代谢相关基因的表达，特别是在参与吸收和同化的蛋白质编码基因上，但未检测到根组织中硝酸盐积累的增加，这表明植物根部吸收的额外 N 直接与生长相关而并未被储存[14]。

11.2.2 结论

现有大量证据表明，腐殖质（HA）可以通过包括改变土壤物理化学性质、刺激植物根部和茎部生长、改变养分可用性及提高养分内部使用效率等多种途径,来改变植物养分的吸收。虽然腐殖酸对植物养分利用效率(NUE)的积极影响已得到充分证明,并且为这些效果提供了机制上的解释,但仍有许多未知之处。考虑到土壤中也存在大量天然腐殖酸,以及从年轻的天然有机物来源材料制备的腐殖酸往往具有更优越的效能,因此随着土壤有机物的增加,外用腐殖酸的效果可能会减弱,这是合乎逻辑的[15]。但在富含有机物(OM)的土壤中,腐殖酸的有效性并不明确,这可能意味着某些腐殖酸产品中存在未知的生物活性物质,即使在丰富的天然腐殖物背景下,依然能影响植物生长。

11.3 微生物生物刺激素

根据欧洲生物刺激素产生委员会(EBIC)的定义,一些细菌和真菌类群被归类为生物刺激素,其中包括丛枝菌根真菌(AMF)和固氮细菌。固氮细菌如固氮菌(*Azotobacter* sp.)和固氮螺菌(*Azospirillum* sp.,非共生固氮细菌)。这些微生物有着悠久的应用历史,可以通过获取更多的营养物质或影响植物生长相关的多种机制来提高养分利用效率(NUE)。还有许多其他细菌和真菌也具有潜在的促进植物生长的功能,并可能增加植物的 NUE,但它们不符合 EBIC 对生物刺激素的定义。例如,包含能生产植物激素、分泌铁载体以溶解磷酸盐、抑制病原体或通过其他途径促进植物生长的细菌,如芽孢杆菌(*Bacillus*)、伯克霍尔德菌(*Burkholderia*)、大肠杆菌(*Enterobacter*)、克雷伯氏菌属(*Klebsiella*)、微杆菌(*Microbacterium*)、微球菌(*Micrococcus*)、泛菌(*Pantoea*)和假单胞菌(*Pseudomonas*)。

11.3.1 丛枝菌根真菌(AMF)

长期以来 AMF 被认为是可以增产并提高氮利用效率(NUE)的植物共生体。大多数陆地植物(70%~90%)均可以与

AMF 建立共生关系，但这个群体的宿主特异性较强，共生关系依赖于某些特定信号分子（如独角金内酯、Myc 因子）的交换[17]。菌根生物刺激素的生产方法已从最初的非无菌条件下与适宜宿主的体内培养，发展到现在的无菌条件下的体外扩大培养，例如直接使用根器官培养技术。近几十年来，AMF 生物刺激素的应用已扩展到农作物生产和园艺栽培中，且相关产品的开发也变得越来越精细。接种 AMF 是建立资源交换共生关系的第一步，其结果会随环境背景的不同而变化。接种物种与本地菌根之间的生态互动、可供定植的位点以及控制群落建立的优先效应可以用来提高接种的成功率[18]。目前市场上已推出单一物种和多物种菌根生物刺激素产品，尤其是广泛采用丛枝菌根真菌（*Rhizophagus irregularis*）、幼套球囊霉（*Glomus etunicatum*）和摩西管柄囊霉（*Funneliformis mosseae*）的单一物种配方比结合多物种的配方更常见[16]。此外，当寄主植物同时面临多种非生物逆境胁迫时，使用多样化的接种剂可能在改善植物营养方面更为有效。单一菌株和多样化接种剂的有效性还与菌根繁殖体（如孢子、外生菌丝或感染根）的类型有关，因为不同菌根属在利用不同繁殖体定植根部的能力上有所不同。例如，无梗囊霉属、球囊霉属、巨孢囊霉属和盾孢囊霉属能够通过孢子侵染根部，而根部碎片只对前 2 个属作为有效繁殖体。此外，并非所有菌根属都能在无菌条件下进行工业化生产，因此在开发多物种接种剂时，仍常用包含植物根系、土壤和菌根繁殖体形成的接种载体[19]。

11.3.2　固氮杆菌和螺旋菌

固氮杆菌在农业中的应用已经非常成熟。褐球固氮菌（*A. chroococcum*）自 1901 年首次被用作生物肥料。1901—1904 年发现的 *A. agilis*、*A. vinelandii* 和 *A. beijernckii* 也被研究用于生物刺激素[20]。在 20 世纪初的苏联褐球固氮菌（*A. chroococcum*）（以"固氮杆菌素"之名）被广泛用于种子处理，用量达到 $(4\sim5)\times10^{10}$

CFU/hm², 并以泥炭作为营养基质。螺旋菌属是革兰氏阴性的杆状或螺旋形细菌, 可以与许多禾本科植物的根部发生联合固氮作用, 且某些螺旋菌属也能与甘蔗形成内生关系。近年来, 螺旋菌作为商业生物刺激素的应用越来越多, 特别是在玉米种植中。螺旋菌属采用泥炭和蛭石制备的基质具有相对较长的保质期, 能够在储存 4 个月或 44 周后仍保持每克产品中 10^7 CFU 活菌的数量, 符合合格产品的接种标准。螺旋菌属的菌粉和液体产品是最常见的市售形式, 可以应用于浸种、蘸根或灌根等处理中。与 AMF 或固氮杆菌相比, 螺旋菌属作为生物刺激素的应用是一种相对较新的趋势。20 世纪 80—90 年代在矮笔花豆根系中发现的巴西固氮螺菌, 经过大量田间接种试验, 显示对多种作物产量有 5%~30% 的普遍增加, 这极大地激发了当地种植者对巴西固氮螺菌作为生物刺激素应用的兴趣, 其使用面积也逐年扩大[21]。

11.3.3 与养分利用效率相关的作用模式

11.3.3.1 丛枝菌根真菌

菌根接种剂对植物营养的影响包括直接效应和间接途径, 其中直接效应为植物提供矿物质养分以换取植物来源的碳, 间接途径包括提高植物对非生物胁迫的耐受性和对病原体的抗性[22]。AMF 显著增强了植物对 P、N、S 和多种微量元素的吸收, 以及在酸性土壤中对 K、Ca 和 Mg 的吸收[23]。AMF 对植物 P 状态的直接影响是通过菌根特异性磷酸盐 (Pi) 转运蛋白介导的, 还包括存在于根-土壤界面的非菌根转运蛋白。在马铃薯根系中, 已鉴定出菌根特异性 Pi 转运蛋白 (StPT3); 类似地, 番茄 (LePT4)、苜蓿 (MtPT4)、水稻 (OsPT11) 和其他植物中也相继发现了特异性转运蛋白[24]。这些 AMF 特异性转运蛋白定位于根膜上, 促进了 Pi 从菌根菌丝向定植根部皮层细胞的细胞质中的转移。但这些转运蛋白的分子结构有所不同, 如水稻的 OsPT11 和马铃薯的 StPT3 即为非同源转运蛋白。同样, 菌根对 N 获取主要通过 AMT2 家族的转运蛋白，这些转运蛋白在菌根共生过程中被特异性诱导。尽管已在番茄和日本百脉根的根瘤中鉴定出仅存在于菌根体细胞中的转运蛋白，但参与菌根共生过程中 N 转运的其他蛋白质是由 AMF 诱导的，并且在非定植植物根中不表达。植物 N 营养主要通过 NH_4^+ 的转移得到改善，同时也显示出 NO_3^- 转运蛋白的诱导和有机 N 吸收的增加。此外，AMF 在存在硫酸盐、半胱氨酸或蛋氨酸的条件下，能够改善植物吸收硫的状态。对植物 S 营养的影响似乎是通过诱导现有转运蛋白来实现的，而非依赖于菌根特异性转运蛋白。而负责改善植物微量元素营养的机理研究并不清晰，随着百脉根基因组的公开和金属转运蛋白的表征，这一情况可能有所改变。AMF 通过改善大中微量元素的吸收来提升植物的 NUE，从而实现增产。土壤中的 AMF 通过进入细胞间隙并在根部皮层细胞中形成菌根体来实现定植。菌丝体延伸出植物根部，吸收养分以满足真菌的需求或被运回宿主根部以换取光合产物。围囊膜是质膜的延伸，将囊状体与细胞质隔开，并作为营养交换的主要位置，这是 AMF 与植物营养和 NUE 相关的主要作用方式。接种高性能菌株的繁殖体能够改善植株的营养吸收状况。Berruti[25] 对 164 个接种试验的统计表明，84% 的试验实现产量提高，92% 的试验改善了植物的营养吸收状况。菌根定植还提升了植物地上部、地下部组织以及果实和种子的锌含量。AMF 接种提高了植物对铜的吸收达 29%，而铁营养仅在持续 56~112 d 的中期阶段得到改善。菌根共生的建立及 AMF 对植物营养的影响因具体情况而异。C_4 草本植物和非固氮宿主比 C_3 草本植物或固氮植物对菌根定植有更积极的响应，在高磷土壤条件下，菌根定植减少，而在氮缺乏条件下，则促进菌根定植。尽管 pH 值、锰和锌是自然系统中菌根群落组成的主要驱动因素，但土壤中钾、硫、镁、钙和铁的含量水平显然不影响菌根定植，因此这些因素可能会影响菌根生物刺激素应用的有效性和持久性。

11.3.3.2 环状固氮菌和螺旋菌

环状固氮菌通过固氮、溶解磷酸盐以及产生植物激素、铁载体

第 11 章 生物刺激素对养分利用效率（NUE）的影响

和抑制病原体的抗生素等有益化合物来促进植物生长[26]。环状固氮菌属的某些菌株还具有溶解钾的能力，但由于钾不是限制产量的主要因素，因此这一能力并不被认为是其促进生长的主要机制[27]。内生环状固氮菌的非共生氮固定不会像共生根瘤菌那样通过碳换取氮的方式提供给植物宿主，但间接增加了根际区氮的可用性。磷酸盐溶解是通过释放无机酸和磷酸酶来实现的，环状固氮菌还产生包括吲哚乙酸（IAA）和赤霉素在内的植物激素，其分泌量分别可达 2~33 μg/mL 和 0.6 μg/mL[28]。环状固氮菌处理种子可通过释放的 IAA 和赤霉素促进根系延长，从而扩大根表面积，增加植物对养分的吸收。铁载体是微生物的用于螯合铁的低分子量有机化合物，在土壤中有效铁匮缺时可以增加植物对铁的可用性。例如，自生固氮菌可以产生 5 种不同的铁载体。螺旋菌属主要通过固定氮来促进植物生长和提升 NUE，并且还能溶解磷酸盐、合成铁载体并释放包括生长素、赤霉素和细胞分裂素在内的植物激素，这些植物激素可以促进根部生长，增强植物对养分的吸收。螺旋菌属间接促进植物 NUE 的机制之一是产生 ACC 脱氨酶，该酶能降解乙烯前体，从而缓解通常由非生物胁迫引起的乙烯产生抑制效应[20]。环状固氮菌生物刺激素能够改善水稻、小麦、玉米、大麦、燕麦、向日葵、咖啡、茶等多种作物的养分吸收和产量。接种环状固氮菌可使水稻的氮吸收量增加 11~15 kg/hm^2，从而使田间产量增加 7%~20%。然而，即使是同一物种的不同分离菌株之间，也存在固氮能力和生长促进作用的显著差异，如环状固氮菌（A. vinelandii）。此外，环状固氮菌每固定 10μg N 需消耗 1g 碳源，因此可利用的土壤碳最终可能限制其氮固定量。除作为单一物种接种剂外，环状固氮菌属通常还与其他具有互补植物生长促进特性的微生物一起应用，如 AMF 和溶磷或固氮细菌。同样，螺旋菌属已被证明能增加高粱、小麦、玉米和水稻的养分吸收和产量。利用巴西固氮螺菌（A. brasilense）和固氮螺菌（A. lipoferum）接种水稻幼苗，可以提供水稻 47%~58% 的氮需求，并相对于对照组增加了茎干重和产量。Okon 和 Labandera-Gonzalez（1994）[29]的研究发现，接种成功率 60%~70%可以使产量增加 5%~30%，而是否接种成功似乎在植物发育早期就已确定，并依赖于生物刺激素的接种量，这主要通过维持大量高活性的细菌种群来实现。除对植物生长和 NUE 的影响外，接种固氮螺菌（*A. brasilense*）还增强了豆科-根瘤菌共生体系的有效性，增加了普通豆类的结瘤数。

11.3.4 结论

在当前 EBIC 法规所认可的生物刺激素类别中，对 AMF、根瘤菌、固氮菌和固氮螺菌的研究最多，也是最符合 EBIC 要求的生物刺激素产品，即能够满足"提高养分利用效率"的要求。AMF、固氮菌和固氮螺菌对 NUE（养分利用效率）的影响通过提高土壤有限资源的可用性来提高农业效率（AE），很少有证据表明这些生物体会改变植物内部养分运输、获取养分转化为生物量的效率与养分利用效率。AMF、根瘤菌、固氮菌和固氮螺菌也可能通过减少非生物胁迫（如养分、水分或其他压力）的限制，间接提高所有养分元素的 NUE，从而促进植物生长，提高资源利用效率。除了氮固定引起的效应外，当土壤或水中存在足够养分时，这些微生物生物刺激素的应用效果尤为显著。如果土壤已完全耗尽某一种必需养分，这些生物刺激素则表现为无效，呈现出一种"木桶效应"。虽然 AMF、根瘤菌、固氮菌和固氮螺菌在农业中有着悠久的应用历史且应用效果显著，但还不清楚其他非微生物刺激素的应用是否会影响 AMF、根瘤菌、固氮菌和固氮螺菌，或者某些生物刺激素产品的效果是否确实是通过影响这些微生物来实现的增产效果。

11.4 海藻和藻类提取物

数百年来，海藻作为生物刺激素的原料之一，已被广泛应用于农业生产。自从应用于农业以来,研究者已对海藻提取物(SWEs)的关键成分和潜在作用方式进行了深入研究[30]。然而,由于SWEs来源的多样性和制备方式的不同,明确SWEs的组成和识别其生物效应变得极其复杂。不同海藻含有的氨基酸、次生/外源代谢产物、激素和矿物质的组成差异极大,对植物生长、抗逆能力和养分吸收具有不同的效果。Ertani等[31]研究了来自泡叶藻和海带等6种商业SWEs,发现尽管所有SWEs均显著促进了根部生长和酯酶活性,但对植物体内养分浓度和糖含量的影响却不尽相同。尽管各种SWEs产品在物种、来源和制备方面存在多样性,但它们均表现出增强根部生长的效果,而对茎部生长的影响则较少见。

11.4.1 与营养利用效率相关的作用模式

11.4.1.1 根部生长

海藻提取物(SWEs)长期以来被认为能够促进根部生长,通过影响土壤团聚体形成对土壤结构产生有益影响,同时含有的海藻酸及其他凝胶状成分对土壤微生态也具有改善功效[30]。在幼苗期或干旱胁迫条件下,通过根部灌溉或滴灌施用SWEs,在根际区的应用效果更加明显[32]。由于施用SWEs成本较高,通常施用量较小,且易于降解,因此需要精确控制施用时间和位置以达到最佳的应用效果。虽然SWEs在田间土壤中不会长期存在,但其对根部生长的促进作用及逆境胁迫的缓解,能够为植物带来长期益处。关于SWEs改善根部生长机制的研究主要集中在理想条件下进行,而这种条件实际上排除了土壤理化性质及土壤微生态所带来的有益效果。在这些条件下,可直接观察到SWEs对根部生长的促进作用,这表明SWEs可能积极影响内源植物激素的产生,SWEs较好的应用效果可能是使用适宜浓度所引起的[32];适宜剂量的应用是许多植物激素反应的特征。尽管存在明显的矛盾,多数研究支持SWEs在不同生长阶段均能增加根部生长。由于植物对SWEs的反应与植物激素应用结果类似，长期以来一直认为SWEs通过提取物中的植物激素发挥作用[30]。然而，近期的研究表明，考虑到SWEs的使用量和植物激素浓度通常较低，植物激素不太可能对表型变化起主导作用。因此，SWEs可能通过某种未知过程刺激植物激素途径，或是通过其他分子与内源植物激素相互作用。

11.4.1.2 营养物质运输

海藻酸钠诱导的根部生长反应很可能是增强养分吸收效率的主要驱动因素，因为根部吸收区域的增加有利于土壤养分的更好利用。然而，也有研究表明，泡叶藻可以通过非根部刺激的机制增强营养吸收[31]。在水培条件下，根部生长对营养吸收的预期影响并不显著，而表现为转运蛋白基因表达的调节。然而，有时基因表达的变化并未导致组织中营养浓度呈现预想的变化。尽管与对照组相比，油菜（*Brassica napus*）在施用SWEs后，其茎部N含量没有显著差异，但 *BnNRT1.1* 和 *BnNRT 2.2* 的表达分别增强了68倍和16倍[34]。无论是在植物内部还是在生长介质中，海藻酸钠通过其对营养元素的交互作用并未影响作物的生长，反而对最终的营养浓度产生了一定的影响，包括单价和双价、阳离子和阴离子的营养元素，这表明同时存在多类型转运和同化过程。

11.4.1.3 营养吸收和储存

硝酸还原酶（NR）是氮吸收中的关键酶，SWEs的应用可以增加NR的活性。此外，SWEs还能增强菠菜中谷氨酰胺合成酶（GS1）的表达，这在植物氮循环调节中起重要作用。SWEs通过调节NR活性，影响植物体内一氧化氮的合成与释放，从而提高植物的抗逆能力，有效缓解由盐分、热或水分亏缺造成的胁迫压力[35]。由胁迫压力引起的植物衰老会影响养分的重新分配，从而降低农业氮利用效率。SWEs通过缓解胁迫诱导的衰老积极提高内部NUE，从而实现较高的产量。

11.4.2 结论

在田间和室内试验条件下,海藻提取物(SWEs)显著提高了氮肥利用效率(NUE),其主要机制可能是通过刺激根部生长,从而增强了对土壤养分的吸收,提高了农业氮利用效率。虽然海藻提取物也显著影响营养物质转运和同化过程,但代谢过程的改善与组织营养物质含量之间存在不一致性,目前尚不确定这些效果是直接的作用,还是对植物代谢过程刺激效应的结果[36]。海藻提取物提高作物氮利用效率的可能途径包括加强幼苗根部的生长,或缓解影响根部吸收的植物应激。由于海藻提取物在环境中可能会迅速分解,因此有必要选择合适的施用时机,以避免不利的因素,并将其精确地施用到根区或叶面喷施[37]。如许多类型的生物刺激素,用于制备海藻提取物刺激素的来源和制备技术存在多样性,其效果需要通过科学的田间试验进行验证。

11.5 蛋白质水解物

蛋白质水解物(PH)是植物/动物废弃物循环利用的产物,可能促进植物生长并改善植物吸收矿物营养,其来源具有原料多样性和不一致性,将这些产品作为一个类别进行验证具有很大的困难。PH 可以分为动物源(通常来源于结缔组织或毛发)和植物源(通常来源于秸秆或农业加工的副产品)2 大类。将工农业废弃物作为生产生物刺激素原料的来源已被纳入循环经济概念[38]。PH 的显著特征是具有相对较高浓度的可溶性蛋白质、肽以及必需/非必需氨基酸,这些氨基酸可以是游离态或与肽结合的形式存在。此外,PH 中常含有较高浓度的碳水化合物,但矿物养分、酚类、植物激素和其他有机化合物的含量相对较低[39]。尽管原料和制备方法差异较大,但大量研究表明 PH 可以影响植物对矿物养分的吸收,但影响效果并不一致,这可能与试验设计、作物种类、环境条件或 PH 组成的差异有关。关于 PH 增强作物生理过程的研究较少，主要集中于光合参数的测量，如叶绿素浓度和光合效率，但研究结果并不一致，约40%的研究未观察到叶绿素浓度的显著增加。

11.5.1 与养分利用效率相关的作用方式

11.5.1.1 土壤中养分形态的直接影响

根据不同的环境条件，植物可以从土壤中吸收不同形态的养分。有研究推测，PH 中的有机养分形态可能影响土壤 NUE 的增加。为了验证这一假设，Teixeira 等[41]研究了半胱氨酸、苯丙氨酸、甘氨酸、谷氨酸和组合物对硝酸盐和总 N 吸收的影响。研究发现，在 PH 和氨基酸组合处理下，叶片 NR 活性并未产生一致的变化，但叶片硝酸盐浓度有所增加，这表明氨基酸可能参与氮同化/储存的调节过程。由于 PH 和氨基酸分离物未在植物完整的生长周期上应用并进行相关指标的测定，因此结论尚需进一步验证。特别是对于完整生长周期的试验，PH 的用量、施用总 N 量及复合氨基酸的含量远低于影响整体养分变化的程度。PH 用于浸种、移栽苗蘸根或精准灌根时，可能通过刺激苗期生长间接增加作物全季节的养分吸收产生显著应用效果。

11.5.1.2 根部生长/形态

蛋白质水解物能够促进根部生长，表现为根表面积与根长的增加，有效提升养分总吸收量并提高农业效率。目前，多数研究集中在水培或温室条件下，而对大田整个生育期的研究较少。PH 的应用显著促进了玉米和莴苣的根部生长，且根部生长的增加与应用方式（即根部与叶面应用）有关，但不受营养条件的影响。PH 对根部生长的影响与一系列因素相关，包括控制侧根形成的转录因子表达、细胞壁成分及激素代谢/合成/信号传导等[42]。无论具体途径如何，通过微阵列分析，PH 对根部生长的影响与氨基酸成分差异有关，最终如何影响养分吸收也是不同的。除了刺激根部生长，大豆来源的 PH 可以通过促进根毛形成的肽（RHPPs）调节根形态，这些肽通过增加毛状细胞（根毛细胞）和无毛细胞（无根毛细胞）的密度来激活根毛形成[43]。RHPPs 处理的根表面积相对于对照组增加了 16.6 倍，通过与其他植物激素不同的生理机制改变了根形态。环状芽孢杆菌（B. circulans）HA12 分泌的类似枯草杆菌蛋白酶的碱性蛋白酶处理大豆粉能产生 RHPP，具有显著的根部促生效果[44]。也有研究表明，PH 可以通过增加细胞内小分子量物质来调节盐胁迫反应，主要起到渗透调节或参与盐胁迫期间的应激信号传递作用。与类似氨基酸处理相比，PH 的应激相关反应部分与自由氨基酸组分相关，但也由于组分的不同存在应用效果的差异。

11.5.1.3 营养转运和同化作用

蛋白质水解物（PH）能够影响细胞转运蛋白及相关转录因子（TFs）的基因表达。采用 PH 和等效氨基酸处理玉米根系，NRT1.1 表达调节相关的 TCP 家族与等量无机 N 处理之间存在差异表达，表明不同形式的 N 通过影响 TF 表达来调节转运蛋白表达和营养吸收[41]。然而，在分析转运蛋白/TF 表达时必须考虑转运蛋白家族内部调节和表达后修饰，这些因素可能影响营养吸收的差异。此外，转运蛋白表达的调节具有特异性。番茄根中高亲和力硝酸盐转运蛋白 NRT 2.1 和 NRT 2.3 在 N 缺乏或充足水平下的表达均有所下降。此外，在 N 充足条件下，PH 的根部应用与高铵转运蛋白表达相关；而在 N 缺乏条件下，同一处理则与提高氨基酸转运蛋白表达相关。这些结果表明，PH 不仅调节转运蛋白表达，并且这种调节明显依赖于氮营养的可用性[44]。与此同时，在施用豆科植物来源的 PH 后，可以观察到番茄叶中硝酸盐和铵浓度显著增加，而 NR（硝酸还原酶）活性降低。也有研究认为，无论施用方法如何，在 N 充足条件下均能使根部硝酸盐同化作用增加，从而降低蔬菜叶片中的硝酸盐水平。有趣的是，Ertani 等[45]发现，在 N 充足条件下，用植物和动物来源的 PH 处理后 2 d 内能显著降低硝酸盐水平，而对照组则在播种后 14 d 才出现下降。同时，根部硝酸盐减少，而 NR 和谷氨酰胺合成酶（GS）活性增加。这些结论与 Sestili 等在番茄上的研究结果类似，表明在调节同化/储存方面可能存在一种共同作用机制。在 N 缺乏或充足及不同施用方式条件下，很多研究表明叶片中的铵和硝酸盐浓度均表现出增加趋势，而总 N 的增加很可能由于根部生长效应间接减少了依赖同化/储存机制的需求。但对于其他营养元素的吸收或运输过程，研究结果并不一致。例如，在石灰性土壤中有效铁缺乏的条件下，Cerdán 等[46]研究发现，灌根施入植物来源的 PH 可以增加番茄植株中的铁浓度，但并不增加茎秆或根部生物量。这种 Fe 吸收效率的提高可能与 Fe（Ⅲ）螯合还原酶（FCR）活性的增加有关；而 Cerdan 等[47]在 2013 年的研究却认为无论叶面施用植物来源还是动物来源的 PH，均显著降低了植株的铁浓度。

11.5.2 结论

大量研究认为尽管 PH 的成分差异较大，但大多表现为应用效果较好，PH 很可能通过多种机制增强 NUE。除了 PH 对根部生长的促进作用外，其对特定吸收过程（如转运体和转运调控）、同化途径以及对组织营养吸收的影响则表现不同，可能是由于市场上 PH 产品成分存在较大差异，这表明某些 PH 成分对关键代谢途径具有特定效果。

11.6 结论和未来趋势

欧盟制定的生物刺激素定义要求其通过"不通过产品含有营养而刺激植物的营养过程"的能力而发挥作用，特别是通过改善 NUE（养分利用效率）的方式。多数研究认为，许多生物刺激素确实能够通过促进根系生长、增强土壤养分的溶解性或强化养分吸收过程，使植物获得更多的土壤养分来提高 AE（吸收效率）。如果生物刺激素能增强植物的抗逆性，减轻逆境对植物的伤害，确保

第 11 章 生物刺激素对养分利用效率（NUE）的影响

植物的正常生长及养分摄取，那么农学上的 NUE 也会提高。针对氮磷污染及全球有限的磷储备即将耗尽，同时农业中养分使用效率相对较低，生物刺激素在提高养分高效利用这一方面的特性具有重要的意义。

尽管生物刺激素对 AE 提高所带来的潜力可能代表着农业效率的提升，对 NUE 的积极效果主要通过添加生物刺激素使固定态养分转化为有效可用的形态，或在根区存在过量养分时，通过增强作物生长来促进养分的有效利用。评估生物刺激素对 NUE 影响的难度在于，大量的研究仅在非田间或高浓度条件下进行，且试验周期较短。尽管在理想条件下能够揭示生物刺激素的作用机制，但只有在商业种植条件下，通过观测作物完整的生长周期，才能获得 AE-NUE 的真实数据。虽然使用生物刺激素改善农业生态效率（AE）的证据已经明确，但很少有证据表明生物刺激素可以通过提高作物对一定数量营养物质的吸收，提升内部或生理上的营养物质利用效率（IE）。IE 的增加通常与以下因素相关：①改善植物吸收限制性营养物质向组织内部的分配；②增加植物内部分配，以满足块茎、果实或种子发育的营养需求；③在多年生植物衰老过程中，增加向储存组织的营养分配。许多生物刺激素增强植物抗逆能力，如果能积极影响植物的衰老过程和营养重新分配，也可能会提高 IE。欧盟近期发布的生物刺激素定义，将其作为改善植物营养过程的产品，为这些产品的区分提供了有用的监管框架，并为生物刺激素行业的研发指明了方向。根据此定义，任何增强植物生长但不被认为是已知植物营养元素、植物激素或杀虫剂的化合物，都可以被归类为生物刺激素。然而，这一定义存在许多问题，这些问题需要在未来对监管框架的完善中加以解决。根据当前定义，如土壤结构改良剂（如石膏、有机残留物、堆肥和粪肥等），因其能够增强水分渗透、保证根部健康生长或改善根部生长环境，亦可被归类为生物刺激素。然而，改良剂和生物刺激素之间的区分并不明确，例如，施用较大量堆肥不会被认为是生物刺激素，但每英亩施用百升的水溶性"黄色"提取物,而浓缩提取物每英亩仅施用1L,如果对植物生长或氮利用效率(NUE)产生积极影响,则后者可能被认为是生物刺激素。在这种情况下,"生物刺激素"一词的定义很大程度上取决于所需材料的剂量以及效果。现阶段微生物生物刺激素被限定为根瘤菌、菌根菌、固氮菌和螺旋菌,而忽略了众多能够显著影响植物生长、营养物质可用性和内部 NUE 的微生物种类。而越来越多的证据表明,许多生物刺激素可能通过刺激特定的微生物群落而发挥作用。因此,按原料类别将生物刺激素加以区分,是人工的或是天然的,尚缺乏一种综合方法评估生物刺激素的成分和功效。

参考文献

[1] Fixen P E, Brentrup F, Bruulsema T, et al. Nutrient/fertilizer use efficiency: measurement, current situation and trends [C] //IFA, IPNI, IPI. Managing Water and Fertilizer for Sustainable Agricultural Intensification. IFA, Horgan, Switzerland, 2015.

[2] Burk D, Lineweaver H, Horner C K, et al. The relation between iron, humic acid and organic matter in the nutrition and stimulation of plant growth [J]. Science, 1931, 74 (1925): 522-524.

[3] Diacono M, Montemurro F. Long-term effects of organic amendments on soilfertility [J]. Agronomy for Sustainable Development, 2010, 30 (2): 401-422.

[4] Olaetxea M, De Hita D, Garcia C A, et al. Hypothetical framework integrating the main mechanisms involved in the promoting action of rhizospheric humic substances on plant root - and shoot - growth [J]. Applied Soil Ecology, 2018, 123:

521-537.

[5] Abbott L K, Macdonald L M, Wong M T F, et al. Potential roles of biological amendments for profitable grain production – a review [J]. Agriculture, Ecosystems and Environment, 2018, 256: 34-50.

[6] Canellas L P, Olivares F L, Okorokova-Facanha A L, et al. Humic acids isolated from earthworm compost enhance root elongation, lateral root emergence, and plasma membrane H^+-ATPase activity in maize roots [J]. Plant Physiology, 2002, 130 (4): 1951-1957.

[7] Anjum S A, Wang L, Farooq M, et al. Fulvic acid application improves the maize performance under well-watered and drought conditions [J]. Journal of Agronomy and Crop Science, 2011, 197 (6): 409-417.

[8] De Pascale S, Rouphael Y, Colla G. Plant biostimulants: innovative tool for enhancing plant nutrition in organicfarming [J]. European Journal of Horticultural Science, 2017, 82 (6): 277-285.

[9] Rose M T, Patti A F, Little K R, et al. A meta-analysis and review of plant-growth response to humic substances: practical implications foragriculture [J]. Advances in Agronomy, 2014, 124 (124): 37-89.

[10] Garcia A C, Tavares O C II, Balmori D M, et al. Structure-function relationship of vermicompost humic fractions for use inagriculture [J]. Journal of Soils and Sediments, 2018, 18 (4): 1365-1375.

[11] Garcia A, Calderin H, Huertas T, et al. Structure-function relationship of vermicompost humic fractions for use in agriculture [J]. Journal of Soil & Sediments, 2018. DOI:

10.1007/s11368-016-1521-3

[12] Zanin L, Tomasi N, Cesco S, et al. Humic substances contribute to plant iron nutrition acting as chelators and biostimulants [J]. Frontiers in Plant Science, 2019, 10: 675.

[13] Tomasi N, Mimmo T, Terzano R, et al. Nutrient accumulation in leaves of Fe-deficient cucumber plants treated with natural Fe complexes [J]. Biology and Fertility of Soils, 2014, 50 (6): 973-982.

[14] Canellas L P, Canellas N O A, Soares T S, et al. Humic acids interfere with nutrient sensing in plants owing to the differential expression of TOR [J]. Journal of Plant Growth Regulation, 2019, 38 (1): 216-224.

[15] Garcia A C, De Castro T A V, Santos L A, et al. Structure-property-function relationship of humic substances in modulating the root growth of plants: areview [J]. Journal of Environmental Quality, 2019, 48 (6): 1622-1632.

[16] Bhattacharyya P N, Jha D K. Plant growth-promoting rhizobacteria (PGPR): emergence inagriculture [J]. World Journal of Microbiology and Biotechnology, 2012, 28 (4): 1327-1350.

[17] Parniske M. Arbuscular mycorrhiza: the mother of plant rootendosymbioses [J]. Nature Reviews: Microbiology, 2008, 6 (10): 763-775.

[18] Igiehon N O, Babalola O O. Biofertilizers and sustainable agriculture: exploring arbuscular mycorrhizalfungi [J]. Applied Microbiology and Biotechnology, 2017, 101 (12): 4871-4881.

[19] Berruti A, Lumini E, Balestrini R, et al. Arbuscular mycorrhizal fungi as natural biofertilizers: let's benefit from pastsuc-

cesses [J]. Frontiers in Microbiology, 2015, 6: 1559.

[20] Chennappa G, Naik M K, Sreenivasa M Y. Azotobacter: PGPR activities with special reference to effect of pesticides andbiodegradation [J]. Microbial Inoculants in Sustainable Agricultural Productivity. SpringerLink, 2016.

[21] Rovira A D. Rhizosphere research-85 years of progress and frustration [C] //Keister D L, Cregan P B. The Rhizosphere and Plant Growth. SpringerLink, Beltsville, MD, 1989.

[22] Casieri L, Lahmidi N A, Doidy J, et al. Biotrophic transportome in mutualistic plant-fungalinteractions [J]. Mycorrhiza, 2013, 23 (8): 597-625.

[23] Clark R B, Zeto S K. Mineral acquisition by arbuscular mycorrhizalplants [J]. Journal of Plant Nutrition, 2000, 23 (7): 867-902.

[24] Ruzicka D R, Hausmann N T, Barrios-Masias FH, et al. Transcriptomic and metabolic responses of mycorrhizal roots to nitrogen patches under fieldconditions [J]. Plant and Soil, 2012, 350 (1-2): 145-162.

[25] Berruti A, Lumini E, Balestrini R, et al. Arbuscular mycorrhizal fungi as natural biofertilizers: let's benefit from pastsuccesses [J]. Frontiers in Microbiology, 2015, 6: 1559.

[26] Chennappa G, Naik M K, Amaresh Y S, et al. Azotobacter: a potential biofertilizer and bioinoculants for sustainable agriculture [C] //Panpatte D G, Jhala Y K, Vyas R V, et al. Microorganisms for Green Revolution. SpringerLink, 2017.

[27] Verma P, Yadav A N, Khannam K S, et al. Potassiumsolubilizing microbes: diversity, distribution, and role in plant growth promotion [C] //Panpatte D G, Jhala Y K, Vyas R V, et al. Microorganisms for Green Revolution. Springer Link, 2017.

[28] Chennappa G, Adkar-Purushothama C R, Suraj U, et al. Pesticide tolerant Azotobacter isolates from paddy growing areas of northern Karnataka, India [J]. World Journal of Microbiology and Biotechnology, 2014, 30 (1): 1-7.

[29] Okon Y, Labandera-Gonzalez C A. Agronomic applications of Azospirillum: an evaluation of 20 years worldwide fieldinoculation [J]. Soil Biology and Biochemistry, 1994, 26 (12): 1591-1601.

[30] Shukla P S, Mantin E G, Adil M, et al. Ascophyllum nodosum-based biostimulants: sustainable applications in agriculture for the stimulation of plant growth, stress tolerance, and disease-management [J]. Frontiers in Plant Science, 2019, 10: 655.

[31] Ertani A, Francioso O, Tinti A, et al. Evaluation of seaweed extracts from laminaria and *Ascophyllum nodosum* spp. as biostimulants in *Zea mays* L. using a combination of chemical, biochemical and morphological approaches [J]. Frontiers in Plant Science, 2018, 9: 428.

[32] Khan W, Rayirath U P, Subramanian S, et al. Seaweed extracts as biostimulants of plant growth and development [J]. Journal of Plant Growth Regulation, 2009, 28 (4): 386-399.

[33] Kurepin L V, Zaman M, Pharis R P. Phytohormonal basis for the plant growth promoting action of naturally occurringbiostimulators [J]. Journal of the Science of Food and Agriculture, 2014, 94 (9): 1715-1722.

[34] Jannin L, Arkoun M, Etienne P, et al. Brassica napus growth is promoted by *Ascophyllum nodosum* (L.) Le Jol. seaweed extract: microarray analysis and physiological characterization of N, C, and S metabolisms [J]. Journal of Plant Growth Regulation, 2013, 32: 31-52.

[35] Erenoglu E B, Kutman U B, Ceylan Y, et al. Improved nitrogen nutrition enhances root uptake, root-to-shoot translocation and remobilization of zinc (65Zn) inwheat [J]. The New Phytologist, 2011, 189 (2): 438-448.

[36] Xu L, Geelen D. Developing biostimulants From agro-food and industrial By-Products [J]. Frontiers in Plant Science, 2018, 9: 1567.

[37] Tsouvaltzis P, Koukounaras A, Siomos A. Application of amino acids improves lettuce crop uniformity and inhibits nitrate accumulation induced by the supplemental inorganic nitrogenfertilization [J]. International Journal of Agriculture and Biology, 2014, 16: 951-955.

[38] Xu L, Geelen D. Developing biostimulants From agro-food and industrial By-Products [J]. Frontiers in Plant Science, 2018, 9: 1567.

[39] Vesela M, Friedrich J. Amino acid and soluble protein cocktail from waste keratin hydrolysed by a fungal keratinase of Paecilomyces marquandii [J]. Biotechnology and Bioprocess Engineering, 2009, 14 (1): 84-90.

[40] Teixeira W F, Fagan E B, Soares L H, et al. Seed and foliar application of amino acids improve variables of nitrogen metabolism and productivity in soybeancrop [J]. Frontiers in Plant Science, 2018, 9: 396.

[41] Estili F, Rouphael Y, Cardarelli M, et al. Protein hydrolysate stimulates growth in tomato coupled With N-dependent gene expression involved in N assimilation [J]. Frontiers in Plant Science, 2018, 9: 1233.

[42] Matsubayashi Y, Sakagami Y. Peptide hormones inplants [J]. Annual Review of Plant Biology, 2006, 57: 649-674.

[43] Lucini L, Rouphael Y, Cardarelli M, et al. The effect of a plant-derived biostimulant on metabolic profiling and crop performance of lettuce grown under salineconditions [J]. Scientia Horticulturae, 2015, 182: 124-133.

[44] Santi C, Zamboni A, Varanini Z, et al. Growth stimulatory effects and genome–wide transcriptional changes produced by protein hydrolysates in maize seedlings [J]. Frontiers in Plant Science, 2017, 8: 433.

[45] Ertani A, Cavani L, Pizzeghello D, et al. Biostimulant activity of two protein hydrolyzates in the growth and nitrogen metabolism of maize seedlings [J]. Journal of Plant Nutrition and Soil Science – Zeitschrift Fur Pflanzenernahrung Und Bodenkunde, 2009, 172: 237-244.

[46] Cerdán M, Sánchez-Sánchez A, Oliver M, et al. Effect of foliar and root applications of amino acids on iron uptake by tomato plants [C]. International Society for Horticultural Science (ISHS), Leuven, Belgium, 2009, 481-488.

[47] Cerdan M, Sanchez-Sanchez A, Jorda J D, et al. Effect of commercial amino acids on iron nutrition of tomato plants grown under lime-induced irondeficiency [J]. Journal of Plant Nutrition and Soil Science, 2013, 176 (6): 859-866.

第 12 章 生物刺激素在精准农业实践中的应用

12.1 简介

精准农业（PA）包括对植物和动物生产的精准管理，即精准作物管理和精准畜牧养殖。PA可以被视为一场技术驱动的农业革命，有可能显著改变农业实践方式。在过去的数十年中提出了多种定义，但其中最著名的定义将其描述为"在正确的时间、正确的地点做正确的事情"以管理农业生产过程的一种方法[1]。最近更完整的定义是："一种管理策略，包括收集处理和分析时间、空间及个体数据，并将其与其他信息结合起来，以支持根据变异性进行管理决策，以提高资源使用效率、生产力、质量、盈利能力和农业生产的可持续性。"这个定义有效地概括了PA的主要目标：①考虑影响农业生产过程的时间和空间变异性因素；②提高农业生产中管理投入的使用效率。

提高效率意味着使用较少的资源达到相同的结果，或者用相同的投入获得更好的结果（如水、肥料、农药等）。PA与增加可持续性、减少对环境潜在有害的投入使用之间存在密切的关联，包括减少农业对全球变暖的影响[2]。为了实现这一目标，PA利用技术在监测土壤与作物的空间和时间变异性方面能够提供最佳能力，并实施能够适应这种变异性的管理策略，即特定地点或变量率管理。除环境效益外，特定地点管理的另一个目标是提高投入应用的成本效益，如种子、肥料、植物调节剂和农药。应该注意的是，精准农业的经济学应该考虑到外部影响，例如减少地下水污染，减少对其他水资源使用者可能的伤害和成本。生物刺激素包括很多产品，从非微生物的自然物质，如腐殖酸（HA）、蛋白质水解物（PH）和海藻提取物（SWEs），到基于微生物的产品，如促进植物生长的根际细菌（PGPR），这些产品作为土壤或种子接种剂，通过叶面喷洒在蔬菜和田间作物种植中使用，以促进植物生长、减少逆境胁迫、提高养分及水分利用效率[3]。生物刺激素通常作用于特定的植物生理过程。例如，海藻含有细胞分裂素、生长素或其他类似激素的物质，这些物质能够刺激植物生长；而微生物接种剂则通过与根际过程的相互作用促进植物生长和养分吸收。这些作用机制在农田应用中随时间和空间变化存在很高的变异性，因为土壤性质、植物表型与周围环境的相互作用存在差异。因此，生物刺激素的效果高度依赖于施用时机和作用位置。此外，与矿质肥料相比，生物刺激素的应用成本通常较高，因此对于种植户来说，采用精准高效的施用策略具有重大意义[4]。

因此，精准农业为通过使用不同管理区域的变量技术来提高生物刺激素应用效益提供了可能。在精准农业中开发的一些技术，原用于其他投入如肥料、除草剂和杀虫剂的特定位置应用，现可以拓展至生物刺激素的应用领域。然而，关于在精准农业中使用生物刺激素的研究和应用案例略显不足。与其他标准农场投入相比，生物刺激素的多样性及其不同的作用方式使得确定个别产品的最佳应用剂量、时间和位置较为困难。

12.2 监测土壤和植物的空间变异性

为了发展精准作物管理策略，监测田间尺度上的土壤和作物属性是必要的。在监测和绘制作物及其状态、土壤空间和时间变异性方面，已经取得了显著的进展，特别是基于远程和近距离感应技术的工具[5]。前者使用机载或空间传感器，而后者将传感器放置在距离目标 2 m 左右进行监测,通常安装在农业机械上。与传统的破坏性取样方法相比(在传统方法中,作物样本从田间采集并带到实验室进行进一步分析),远程和近距离感应的优势在于它们以更快速、更经济有效的方式提供空间诊断信息[6]。在许多研究中,远程和近距离感应工具可以检测植物非生物和生物胁迫。光学传感器测量可见光($0.4 \sim 0.7 \ \mu m$)、近红外(NIR,$0.7 \sim 1.3 \ \mu m$)和短波红外(SWIR,$1.3 \sim 2.5 \ \mu m$)光谱部分的反射率,而热传感器检测热红外光谱(TIR,$7 \sim 20 \ \mu m$)中的热辐射。对于监测植物胁迫或与光合作用相关的特性,越来越多地使用高光谱感应和荧光技术[7]。与多光谱传感器通常使用的 $4 \sim 13$ 个宽带相比,高光谱感应一般可以使用数百个窄光谱带,通过非成像地面光谱辐射实现取得进步,并在无人机(UAVs)和带有成像光谱系统的卫星平台上得到应用。检测叶绿素或其他色素的荧光已被证明对监测光合作用过程及非生物或生物胁迫的发生极其有用[6]。远程感测水分胁迫通常使用作物水分胁迫指数(CWSi),该指数基于 TIR 数据,通过感测冠层与周围空气温度的差异以及气象信息中的蒸汽压亏缺来计算。有些逆境压力会导致植物体温升高,与作物水分状况和产量减少相关[8]。近地土壤感测旨在绘制土壤变异性图,通常基于几种方法,如使用电磁传感器、光学和放射性传感器、基于传感器与土壤之间的机械相互作用的传感器,以及能够量化特定离子或分子活动的电化学传感器。传感器可以在特定时间获取测量数据,例如,为了探索田间空间变异性(如在播种前测量土壤电导率)或固定于田间,如使用无线传感器网络(WSN),以量化给定作物/土壤属性的时间变异性。大多数感测系统的一个重要特点是,实际测量值(如电压)与土壤/植物属性之间的关系并不是由传感器直接测量得出。例如,种植户可能对量化土壤中的有机质含量感兴趣,但扫描土壤的传感器只能检测土壤导电能力。因此,为了量化土壤属性与传感器输出之间的关系,需要推断测量值与给定属性的关联性。在精准应用生物刺激素的条件下,特别是针对逆境胁迫缓解或营养吸收改善而设计的产品，监测胁迫或营养缺乏的程度是至关重要的。鉴于诊断和检测可能是非特异性的，采用数据融合方法，同时结合使用多个传感器。Tsoulias 等[9] 使用表观土壤电导率（ECA）作为苹果园土壤水分可用性的指标，以指示水分压力，并通过 LiDAR 扫描系统计算叶面积。研究发现，ECA 与每棵树的叶面积之间存在显著相关性。ECA 较低区域的树木叶面积减少，水分压力增强，这些信息为精准应用生物刺激素缓解水分压力提供了可能。

12.3 基于统一管理区的特定区域管理

传统的农艺管理将每个田块视为一个均匀区域，未考虑田间的空间变异性。虽然这种方法易于实施，但在优化资源投入方面并不高效。如果肥料均匀施用，可能会造成浪费，例如，因为作物已经有足够的营养而可能不被使用。田间某些区域中未使用的养分通过淋溶、径流和气体排放流失，这对种植户来说是经济损失，对社会来说是增加环境成本。作物产量是土壤、天气、品种、农艺管理、病虫害等因素相互作用的结果。土壤在一个区域内是高度变异的，地形、管理方式和土壤-植物-大气相互作用等因素也会影响作物的生长和发育[10]。特定区域管理（SSM）旨在考虑到耕种区域内的空间变异性来管理土壤和作物。实施特定区域管理有 2 种主要方式：①根据传感器检测和量化的特定需求或使用不同数据源制作的基础图，对田间每个点的输入（如肥料、农药等）进行不断优化；②将地块划分为同质的子区域，在这些特定管理区（MZ）内均匀施用输入。后一种方法需要事先将田间划分为统一区域。MZ 被定义为呈现产量限制因素相似组合的子区域。在这些区域内，确定的农艺投入以给定的速率施用。MZ 可以通过叠加不同来源的数据，生成包括产量图、地形图、土壤采样数据、航空照片、表观电导率（ECA）和评估作物生长变异性的冠层图像。Basso 等[11] 通过划分 MZ 并结合长期天气信息,获得了量化经济和环境施肥目标之间的最优组合。Delgado 等[12]也通过划分 MZ,实现了产量和氮利用效率的提高以及淋溶减少。不同来源的数据如产量图、土壤和作物感测、地形信息、天气数据和新型统计方法的应用,可以更好地划定 MZ[10]。与基于土壤或作物属性的传统 MZ 划分方法相比,这些研究与发展改善了 MZ 的特性。此外,采用新的传感技术来表征土壤中的空间变异性,如 γ 射线、电磁感应(EMI)和可见光及近红外(vis-NIR)光谱学,有助于提高测量精度。利用近地或卫星传感器监测作物生长的变异性,并基于光谱指数划定 MZ,意味着可以更快地在更精细的分辨率上测量土壤和作物中的一系列产量限制因素。

12.4 特定区域的农业投入应用

经济发达区域对可持续方式生产食物的需求日益增加。与此同时,不断增长的人口对食物的需求使农业生产产生了巨大压力。世界还面临许多环境挑战,增加了农业中采用更环保可持续生产实践的需求。因此,种植户被要求在减少对环境影响的同时,还要增加作物产量。研究人员需要开发既能够提高作物产量和质量,又能减少农业碳排放的创新产品和技术[13]。在这个背景下,生物刺激素和精准农业方法的结合使用可以促进土壤健康并且优化作物营养管理。生物刺激素能够使作物对营养物质的可用性与吸收同步,实现更有针对性的高效施肥。有机基质的生物刺激素能够实现"从土地到土地"的循环,主要是因为这些有机化合物来自其他农业来源。生物刺激素可以影响土壤的物理化学性质,如减少耕地侵蚀、增加水分的可用性和渗透性、改善土壤结构、减少养分淋洗和刺激根际生物活力[14]。特别是丛枝菌根真菌(AMF)和植物根际促生菌(PGPR)等微生物群落,能与大多数植物根系互作,为宿主植物提供多种益处,包括改善水分和营养吸收(如磷、钾、镁、氮和微量元素)、增强对逆境胁迫的耐受性、降低对重金属的敏感性和改善土壤结构[15]。通过将生物刺激素应用在精准农业管理的特定区域,可进一步增强其应用效果与效益,即根据田间不同管理区域的需求调整使用剂量。这将取决于2个方面:一方面是能够获取和显示生物刺激素产品应用效果的变化情况,并制定显示图例;另一方面是配套生物刺激素施肥机械,以实现根据具体需求进行精准施用(VRA)。第一个方面的实现在很大程度上依赖于遥感测定,例如,对营养缺乏和逆境胁迫的感测,以及对多源信息层的利用。第二个方面的具体内容将在以下部分论述。

12.5 生物刺激素的精准施用技术

实现生物刺激素变量的精准施用(VRA)的能力取决于产品如何施用,这通常根据生物刺激素类别的不同而有所不同。生物刺激素的施用方法包括:基施、灌根(即直接向植物基部添加稀释产品的过程)、叶面喷施和拌种。基施还取决于产品是固体(如颗粒状)还是液体,其中液体产品更为常见。如果生物刺激素以液体形式存在或可以在施用前用溶液稀释,则可以使用常规喷雾器进行施用。喷雾器也可用于多种类别的生物刺激素的叶面施用[16]。当生物刺激素施用于土壤(而非植物本身)时,由于调节其运输和吸收的物理、生化和化学过程,大量元素和微量元素可能无法满足植物需求。因为可以直接被植物吸收,叶面喷施是满足植物营养需求的更好方式,这对实现高产至关重要。使用叶面喷雾,植物可以在整个季节通过及时使用高效配方和适当的喷施设备进行管理[17]。目前,已有VRA技术应用于喷雾系统,允许根据配方图精确调节施用量,与全面统一施用相比,可以大幅度节省产品用量。此外,可能更容易开发出提升养分吸收的生物刺激素,特别是针对氮(N)或磷(P)的吸收,以及有利于减轻逆境胁迫(如水分胁迫)的产品。现阶段,已开发了一些工具用于诊断N缺乏,主要

第12章 生物刺激素在精准农业实践中的应用

基于近景或遥感技术,利用叶绿素含量作为 N 含量的重要指标。应用高光谱传感器获得的窄带指数,可以检测海藻酸及螯合物处理下葡萄园土壤和植株中的大量元素和微量元素浓度[18]。

通过植物冠层远程评估磷缺乏一直具有挑战性,有研究者提出采用快速评估土壤磷的光谱辐射传感器进行评估。尽管土壤中磷的含量对其光谱反射率没有直接影响,但 Mouazen 和 Kuang[19]采用一个光谱辐射系统,结合化学计量模型获得了与实验室分析相当的土壤磷空间变异性图。土壤地球物理绘图系统,如表观电导率(ECa)测量,也被证明可用于评估田间囊泡-丛枝菌根(VAM)真菌的空间变异性。Welbaum 等[20]认为,随着分子遗传技术、计算机技术和纳米技术的不断发展,未来可能在实时监控土壤和植物健康的同时,实现精确的根际区管理。基于纳米传感器的环境探测器在农业生态系统监控中的应用,将促进"智能田地"的实现,可以在田地的多个位置实时监测必要的指标,如温度、pH 值、水分、矿物营养和气体成分(如氧气、二氧化碳和乙烯)。通过将检测器与基于计算机的"监控/命令"系统相连,系统能在出现失衡时启动特定的响应输入进行纠正,可以通过地下灌溉系统迅速改变根际区环境,输入水、矿物营养、微生物接种剂、作物保护化学品、气体(如 O_2)和有机营养物(如糖或信号分子),从而有利于建立有益的根区环境,实现健康种植。Ma 认为微生物种子涂层技术对可持续精准农业具有较大贡献,建议使用促进植物生长的微生物(PGPM)作为传统种子涂层(如含有肥料和农药的涂层)的替代品。然而,这些微生物在根际区存活和定殖可能存在问题,如存活受环境因素如土壤 pH 值、养分和水分含量、植物基因型和生理状态以及其他微生物种类存在的影响。因此,迫切需要了解通过种子涂膜引入的微生物在根部的作用,以评估其在不同环境条件下的田间功效。作物生产经常受到非生物胁迫的影响,如水分不足、土壤盐碱化、低温和高温等。生物刺激素在减轻逆境胁迫和修复不利环境造成的伤害方面发挥着重要作用。例如,微藻提取物（ME）含有对作物生长和发育至关重要的大量元素和微量元素。ME 的应用可以增强植物对逆境胁迫的抗性，从而提供潜在的保护。例如，应用海藻提取物可以缓解甜椒（*Capsicum annuum* L.）种子萌发阶段的高盐胁迫。Abd El-Baky 等[21]研究认为 ME 的应用可以提高小麦（*Triticum aestivum* L.）的耐盐性。对于水分胁迫的空间和时间变异性监测，在需要 VRA 应用生物刺激素的情况下，可以通过热红外（TIR）感测进行测定，如使用基于无人机热成像的作物水分胁迫指数（CWSI）。土壤盐分变异性则可以使用地电近距离感测来评估。

12.6 结论和未来趋势

当前，植物营养主要使用效率较低且对环境影响较大的化学合成肥料。将生物刺激素应用于土壤或植物，并结合变量精确施用技术可能有助于解决这些问题。生物刺激素和精准农业技术的结合使用可以带来如下好处：①减少外部投入品的使用（如合成肥料和农药）；②增加土壤可溶性磷的溶解；③改善土壤生物多样性；④加强土壤保护；⑤提高作物产量和质量；⑥减少养分淋失的风险；⑦提高作物对非生物胁迫的耐受性。

此外，精准农业与作物建模的综合应用，可以识别不同区域和作物在不同生育期内产量下降的主要原因。在精准农业背景下开发和应用生物刺激素的方法仍需进行大量研究。不同生物刺激素的生理作用机制是当前研究的重点，并且其机制变得越来越清晰。然而，针对不同作物系统，关于生物刺激素不同类别的最佳施用时机和施用量的农学田间试验仍然是必需的。同时，考虑生物刺激素与环境因素及其他农业实践（如施肥）的相互作用也至关重要。这些信息对于开发生物刺激素至关重要，尤其是在区分不同非生物和生物胁迫方面，还需要对植物胁迫监测技术进行深入研究，因为它们的症状通常非常相似，尤其是干旱和盐分胁迫，这些是作物生产的最重要限制因素。高光谱和荧光传感技术以及基于无人机的热成像技术,在这一背景下具有巨大的应用潜力。土壤成像光谱学和地球物理感应技术,如 γ 射线技术,也为提供养分可用性(N、P)和土壤盐分相关的土壤属性映射提供了有效的方法和技术。这将有利于开发针对这些胁迫的精确应用生物刺激素的方法,或改善特定养分的吸收效率。在远程和近端感测背景下,当前的研究趋势是开发数据融合方法,结合来自不同传感器的数据。同时,人工智能领域(特别是机器学习算法)也将在这一背景下显得越来越重要。

参考文献

[1] Gebbers R, Adamchuk V I. Precision agriculture and foodsecurity [J]. Science, 2010, 327: 828-831.

[2] Stafford J. Precision Agriculture forSustainability [M]. Cambridge: Burleigh Dodds Science Publishing, 2018.

[3] Alavo P, Nelson L, Kloepper J W. Agricultural uses of plantbiostimulants [J]. Plant Soil, 2014, 383: 3-41.

[4] Ronga D, Biazzi E, Parati K, et al. Microalgal biostimulants and biofertilisers in cropproductions [J]. Agronomy, 2019, 9: 1-22.

[5] Viscarra Rossel R A, Adamchuk V I, Sudduth K A, et al. Proximal soil sensing: an effective approach for soil measurements in space andtime [J]. Advances in Agronomy, 2011, 113: 237-282.

[6] Mahlein A K, Alisaac E, Al Masri A, et al. Comparison and combination of thermal, fluorescence, and hyperspectral imaging for monitoring fusarium head blight of wheat on spikelet scale [J]. Sensors, 2019, 19: 2281.

[7] Transon J, d'Andrimont R, Maugnard A, et al. Survey of hyperspectral earth observation applications from space in the Sentinel-2 context [J]. Remote Sens., 2018, 10: 157.

[8] Pinter Jr P J, Hatfield J L, Schepers J S, et al. Remote sensing for crop management [J]. Photogrammetric Engineering & Remote Sensing, 2003, 69: 647-664.

[9] Tsoulias N, Paraforos D S, Fountas S, et al. Calculating the water deficit spatially using LiDAR laser scanner in an apple orchard [C] //Stafford J V. Precision Agriculture' 19. Wageningen Academic Publishers, the Netherlands, 2019: 115-121.

[10] Nawar S, Corstanje R, Halcro G, et al. Delineation of soil management zones for variable - rate fertilization: areview [J]. Advances in Agronomy, 2017, 143: 175-245.

[11] Basso B, Ritchie J T, Cammarano D, et al. A strategic and tactical management approach to select optimal N fertilizer rates for wheat in a spatially variablefield [J]. European Journal of Agronomy, 2011, 35: 215-222.

[12] Delgado J A, Khosla R, Bausch W C, et al. Nitrogen fertilizer management based on site-specific management zones reduces potential for nitrate leaching [J]. Journal of Soil and Water Conservation, 2005, 60: 402-410.

[13] Ronga D, Gallingani T, Zaccardelli M, et al. Carbon footprint and energetic analysis of tomato production in the organic vs the conventional cropping systems in SouthernItaly [J]. Journal of Cleaner Production, 2019, 220: 836-845.

[14] Rouphael Y, Colla G. Synergistic biostimulatory action: designing the next generation of plant biostimulants for sustainableagriculture [J]. Frontiers in Plant Science, 2018, 9: 871.

[15] Bernardo L, Morcia C, Carletti P, et al. Proteomic insight

into the mitigation of wheat root drought stress by arbuscularmycorrhizae [J]. Journal of Proteomics, 2017, 169: 21-32.

[16] Preininger C, Sauer U, Bejarano A, et al. Concepts and applications of foliar spray for microbial inoculants [J]. Applied Microbiology and Biotechnology, 2018, 102: 7265-7282.

[17] Castaldi F, Pelosi F, Pascucci S, et al. Assessing the potential of images from unmanned aerial vehicles (UAV) to support herbicide patch spraying in maize [J]. Precision Agriculture, 2017, 18: 76-94.

[18] Gil-Pérez B, Zarco-Tejada PJ, Corrêa-Guimarães A, et al. Remote sensing detection of nutrient uptake in vineyards using narrow-band hyperspectralimagery [J]. Vitis, 2010, 49: 167-173.

[19] Mouazen A M, Kuang B. On-line visible and near infrared spectroscopy for in-field phosphorousmanagement [J]. Soil & Tillage Research, 2016, 155: 471-477.

[20] Welbaum G E, Sturz A V, Dong Z, et al. Managing soil microorganisms to improve productivity of agro-ecosystems [J]. Critical Reviews in Plant Sciences, 2004, 23: 175-193.

[21] Abd El-Baky H H, El-Baz F K, El Baroty G S. Enhancing antioxidant availability in wheat grains from plants grown under seawater stress in response to microalgae extracttreatments [J]. Journal of the Science of Food and Agriculture, 2010, 90: 299-303.

附 录

1 腐殖酸铵制备工艺

低级别煤与氨作用后,氨即被煤物质吸附,包括物理吸附和化学吸附或反应,即用 NH_4^+ 置换 HA 中的 -COOH 和部分 -OH 中的 H^+,形成 HA 的铵盐。游离 HA 可采用氨水直接氨化,而高钙镁 HA 宜使用碳化氨水或碳酸氢铵(NH_4HCO_3)通过复分解反应制取 $HA-NH_4$,同时,HA 中的 Ca^{2+}、Mg^{2+} 与 CO_3^{2-} 生成碳酸盐 $CaCO_3$ 和 $MgCO_3$ 或碱式碳酸镁 $[(MgOH)_2CO_3]$ 沉淀析出。

1.1 直接氨化法

1.1.1 工艺过程及操作步骤

直接氨化法的大致步骤为:原料煤→干燥→粉碎→氨化→熟化→产品

将粒度≤20 mm、水分≥30%的原料煤干燥至水分≤15%,再粉碎至过 60 目筛,在搅拌机中喷洒浓度为 15%的氨水,一般控制氨水:煤≈1:2(重量比),混合均匀,装袋密封,存放 3~5 d 即可得到产品。

1.1.2 工艺要点

(1)氨的加入量是影响产品质量的关键。为避免盲目性,最好事先测定原料煤的吸氨量(在一个密闭的玻璃干燥器中放入干煤粉和氨水，使煤粉饱和吸附氨，然后测定煤中 NH_4-N 含量。实际生产时，一般应按吸氨量的 80% 喷入氨水，搅拌反应结束后，物料 pH 值应控制在 7.5 左右为宜。

（2）氨化过程是弱碱对弱酸的反应，而且还有相当部分的物理吸附氨，因此氨化时不需加热，反应后也不可干燥，以防止氨损失。至少 3 d 的熟化过程是必不可少的，以促使氨尽可能向煤的微孔内部扩散，提高其吸附稳定性。即使如此，打开密封袋后仍会有部分氨挥发，因此打开包装后应尽快使用。

（3）反应物料水分应控制在 35% 左右，水分过高易成糊状，水分过少则影响反应性和水溶性 HA 的生成量和氨的吸收量。

（4）氨化器最好是双绞龙犁刀式搅拌机，上部装有氨水喷头。如大量生产，应采用螺旋推进的方式，串联 2 个氨化器，后 1 个在不喷氨水的情况下继续混合，以确保液-固分配更为均匀。尾部应安装收尘器和氨吸收器。全部过程都应密闭操作。

1.2 复分解法

对高钙镁风化煤来说，不宜采用氨水直接氨化，而使用碳化氨水或碳酸氢铵（碳铵）则很容易发生复分解反应。碳化氨水是碳铵生产厂的中间产品（在氨水中通入 CO_2 制成），适合于在碳铵厂生产，而商品碳铵是一般厂家生产 $HA-NH_4$ 的理想原料。

1.2.1 工艺过程及操作步骤

使用高钙镁风化煤与碳化氨水生产 $HA-NH_4$ 的工艺流程基本同前，只是氨化反应在 80~90℃ 下进行 3~4 h。该方法除需要足够的 NH_4^+ 离子外，还要随时调整碳化度（向氨水中通入 CO_2），以确保有足够的 CO_3^{2-} 与煤中的 Ca^{2+}、Mg^{2+} 结合生成沉淀。该反应也要在密闭情况下进行。

如使用 NH_4HCO_3 进行氨化，需将煤粉与碳铵加水均匀混合，保持水分在 35% 左右，加氨量按 1.1.2 的方法计算；将物料装袋密封，在50℃下存放5~7 d，或在室温下存放10 d以上。

NH_4NO_3也可以作为复分解反应的氨化试剂，但不产生沉淀性产物，属于中性可逆交换反应，HA氨化不完全，水溶性HA含量也不高。

1.2.2 质量指标

原化工部1978年曾颁布过行业标准《腐殖酸铵肥料统一分析方法》（HG 1-1143—78），1999年转为HG/T 3276—2019，但未明确提出具体质量指标。按惯例要求，$HA-NH_4$中水溶性HA应达到25%以上，NH_4-N应达到3%以上。

1.2.3 几点说明

腐铵是最古老的HA肥料品种，早在20世纪50年代即已正式投入生产和应用。当时开发的初衷是希望它能成为有机氮肥的主导产品，代替无机氮肥推广应用，但实际并不理想。一是生产过程中存在氨损失，导致单位N成本高于无机氮肥；二是水溶性HA含量低，一般只能达到总HA含量的一半左右；三是$HA-NH_4$的N含量低，最高只能达到4%左右，相当于尿素N的8.7%，碳铵N的23.5%，直接作为氮肥使用时需加大施肥量，增加农业成本。腐铵作为复混肥的配料使用时，也存在水分过大、运输费用高、N不稳定的弊端。因此，尽管$HA-NH_4$比等氮量的其他氮肥的N利用率高，但经济效益并不明显。如何进一步降低$HA-NH_4$生产成本，提高其N含量和稳定性，一直是国内外化学和肥料界追求的目标。研究人员已经开展了一系列改进，以下列举几个例子。

（1）高氮腐铵。20世纪60—70年代国内外都进行过高温、高压氨氧化制取高氮腐铵的研究开发，有的已进入半工业化规模，产品总N含量最高达到24%。后续研究发现产物总N中约有一半为杂环N，1/3是酰胺N，均是植物难以利用的N形态，加之苛刻的操作条件和较高的生产成本，一度使人们望而却步。但从保护生态环境、提高氮的吸收利用率的角度考虑，是否可以经过适当"修饰"或附加某种外在条件,使这些难以利用的 N 缓慢释放,成为长效缓释绿色肥料?这种设想并非毫无根据。印度 Mukherjee 等对氨氧化工艺作了改进,大幅度降低了反应条件的苛刻程度和生产成本。他们将稀氨水与褐煤粉混合,在 165℃、3MPa 条件下通氧气 4 h,所得产品中总 N 达到 15%~20%,其中 55%~60% 为有效态 N,产物的水溶性也很好。这就预示着有一部分非铵态氮(即便是缓释型的)有可能成为植物可利用的 N。当然,能否实现工业化生产,还需要有大量工作要做。

(2) HA 原料与磷肥复合后再氨化。乌兹别克斯坦某研究所事先将风化煤和过磷酸钙混合,再在常温下加氨水或通入氨气,既可将 HA 氨化,生成部分水溶性 HA,同时又使部分氨化过磷酸钙生成磷酸铵或磷酸氢铵以及枸溶性的磷酸氢钙。该方法可显著减少 N 损失,提高有效 N 含量,最终产品自然而然地成为一种 HA-NP 复合肥。硝酸磷肥与风化煤混合后再进行氨化的实验也有人作过尝试。然而,以上研究未见进一步放大生产规模和推广应用的报道。

(3) 硝酸氧化后再氨化,即生产硝基腐铵($NHA-NH_4$)。事先使用硝酸将褐煤或风化煤氧化,不仅使煤中不溶的 Ca、Mg、Fe 盐转化为可溶性的硝酸盐,又可使煤适当降解,提高 HA 含量,氨化时也能提高 N 的含量和吸附稳定性,农田试验结果显示其效果也非常显著。该技术的主要障碍是硝酸来源的局限性和 NO_x 处理带来的技术及成本问题,影响了 $NHA-NH_4$ 的广泛推广应用。

(4) 堆肥混合氨化及生物降解。有实验显示,将泥炭与粪肥以 1∶1 的比例混合,加入氨水进行生化处理 3 个月,发现该方法明显提高了微生物降解性能和氨的固定量。此方法适合于泥炭的氨化处理,所得产品作为营养基质或肥料配合物,都具有较好的经济性和环保效益。

以上这些宝贵的探索性实践,为我们继续开发高效、低耗、环境友好的腐殖酸铵肥料提供了思路。

2 腐殖酸的提取

所谓腐殖酸的提取（萃取）、分离和分级，不是指得到纯化合物，而只是试图将其从原料中分离出来，以去除无机矿物质及非腐殖酸的有机成分。但由于腐殖酸是具有强络合和吸附性能的胶体物质，要完全去除其中的金属离子、硅酸盐等矿物质是不容易的。因此，分离、分级和纯化的目标主要是获得无机质含量低、组分相对均一、分子结构相对接近的一组组分，而非单一化合物。本节主要从实用角度出发介绍相关的处理技术。

2.1 萃取剂

为有效提取腐殖酸，首要任务是充分切断腐殖酸与各种金属离子的结合键，破坏其与非腐殖物质的极性、非极性吸附力及氢键缔合力等的作用，萃取剂的选择是关键因素。选择萃取剂的原则包括：①应具有高极性和高介电常数，以促进荷电分子的分散；②分子尺寸小，以利于渗入腐殖酸结构中；③能够破坏已存在的氢键而代之以 HA-溶剂间的氢键；④能够固定金属阳离子。

符合上述条件的萃取剂种类很多，包括强碱液、中性盐、有机酸盐、有机溶剂和有机螯合物 5 类。但 Stevenson 特别强调，萃取过程应确保完全、普遍适用，且不改变腐殖酸的组成性质。因此，较为适用的提取剂包括强碱（如 NaOH、KOH）、某些无机盐（如 Na_2CO_3、$Na_4P_2O_7$）及有机碱，包括 EDTA（乙二胺四乙酸钠盐）、EDA（乙二胺）、DMF（二甲基甲酰胺）、DMSO（二甲基亚砜）等。

一般来说，NaOH 和 KOH 的萃取率最高，其萃取过程属于离子交换反应，简化反应式为：

$$HA(COOH)n + nNaOH \rightarrow HA(COONa)n + nH_2O$$

高钙镁腐殖酸一般用焦磷酸钠（$Na_4P_2O_7$）萃取，这是因为

$Na_4P_2O_7$ 能将与 HA 结合的等离子置换出来,形成可溶性的 HA 钠盐和不溶性的焦磷酸盐(复分解反应),反应式为:

HA [COOMe (OH)$_2$] m (COOCa1/2) $n-m$ + [($n-m$)/4] $Na_4P_2O_7 \rightarrow$ HA [COOMe (OH)$_2$] m (COONa) $n-m$ + [($n-m$)/4] $Ca_2P_2O_7 \downarrow$

Na_2S 和 Na_2CO_3 也可用于萃取高钙镁腐殖酸。事先用稀盐酸浸泡此类原料,用水洗涤以脱除高价金属离子,再用碱液提取腐殖酸,可提高萃取率,但存在 HCl 的污染处理问题。大多数中性盐和有机溶剂作为萃取剂,主要用于研究,生产上实用意义不大。含氮有机试剂作为提取剂,还可能被腐殖酸不可逆吸附、改变其分子组成结构。

2.2 提取和分离技术

在腐殖酸的一般生产应用中,可以不必考虑其组成结构的变化,可在苛刻条件下进行萃取。但用于实验研究所用样品的制取,则需谨慎操作。腐殖酸与非腐殖物质的夹带、SiO_2 胶体的溶出、自动氧化、结构分解、氨基-羰基缩合等化学变化,都可能影响腐殖酸的组成,导致同一腐殖酸样品在不同条件下萃取的元素组成、分子量、官能团和结构参数差异显著。因此,萃取条件需温和,以尽可能使原始 HA 的组成性质不发生太大变化,其操作条件的掌握是至关重要的,大致要点如下。

(1)游离腐殖酸提取。一般使用 0.1~0.5 mol/L 的 NaOH,固/液比 1:(3~5),在室温下通氮气操作,尽量避免与氧接触。

(2)高钙镁腐殖酸的提取。一般使用 0.1 mol/L 的 $Na_4P_2O_7$ 溶液(pH 值 ≈ 7);对于极难分离的土壤 HA,也可用 0.1 mol/L $Na_4P_2O_7$ + 0.1 mol/L NaOH(pH 值 = 13)的混合溶液进行提取。

(3)对于高钙镁低级别煤中的黄腐酸可采用阳离子交换树脂、无机酸、丙酮-水-HCl(H_2SO_4)混合液进行提取。

(4)与 Fe^{3+}、Al^{3+} 等高价离子或其水合氧化物络合的腐殖酸复合物，只有用强螯合剂（如 EDTA-Na）、DMSO+1%HCl、10%乙酰丙酮+无水蚁酸等分离和提取 HA。

（5）如果想要从土壤和其他物质中直接提取腐殖酸的金属-有机络合物，可选用 Na 型 Dowex A-1（亚氨二乙酸型）树脂。

（6）泥炭、有机土壤及某些褐煤中含有一定数量的类脂物质和沥青质（主要为高级脂肪酸的酯类），会干扰腐殖酸的萃取，应事先用苯、甲苯或苯-乙醇混合液处理以脱除。

（7）泥炭事先用5%HCl 处理易水解物；有机土壤中非腐物质（主要是半纤维素、一些多肽及含氮有机物），应事先用 6 mol/L HCl 在 90℃下降解。但水解使 HA 发生较大化学变化，并损失达40%，更不适用于黄腐酸的分离和提取。

（8）使用离子交换树脂（或膜）、分子吸附膜从水中分离腐殖酸，其中 XAD-8 树脂（非离子型大孔甲基丙烯酸甲酯树脂）吸附最有效，可有效排出糖类、肽以及化学结合的金属离子；国产的 GDX-102 是类似的吸附树脂。

（9）采用超声波处理、机械活化、物理分选等方法对原料进行预处理，均可有效提高萃取率。用 1M HF 事先处理土壤，可大大腐殖酸提取率。

2.3 纯化

不同方法萃取出来的腐殖酸几乎都含有较多的无机质。粗腐殖酸的纯化主要是脱除无机质，即"脱灰"，方法如下。

（1）物理絮凝。在 HA 的碱提取液中添加适量 Na_2SO_4，促进细分散的无机胶体加速絮凝沉淀，通过离心或过滤，再用 HCl 调至 pH1.5，加热，水洗，一般可得到灰分<5%的腐殖酸。

（2）化学法。将 1 g 腐殖酸放入 0.5 mL 浓 HCl+0.5 mL 48% HF+99 mL 水的混合液中，室温下振摇 24~48 h，水洗至无 Cl^- 离子。此法可有效脱除 Fe、Al、Si，使灰分降至 1%以下；也可用 $NaOH-H_2SO_4-HNO_3$ 依次处理，使无机成分分别形成硅酸钠、偏铝酸钠、氧化铁等,再用酸溶解、沥滤。

(3) 黄腐酸(FA)与无机盐的分离和精制。现有的部分技术是:①渗析或电渗析法:用半透膜可有效分离无机盐与水溶腐殖酸,但难分离络合或强吸附的腐殖酸-金属有机化合物;②H 型吸附树脂(如羧酸型 Ambertite IR-120、磺酸型 Dowex-50)吸附 FA,用碱液脱附 FA,再用阳离子树脂吸附,并用醚提取可得低灰分的 FA;③用表面活性剂吸附分离;④用 Fe^{3+}、Al^{3+}、Pb^{2+} 等高价金属离子沉淀 FA,再用强螯合剂(如双苯硫脲)络合,在 pH 值为 7 的腐殖酸溶液中加入阳离子表面活性剂(如溴化多米砜 DB),使其与 FA 形成离子对,然后抽提脱除 DB;⑤用 HCl 处理腐殖酸钠、水洗脱酸后,再依次用乙醇和水提取 FA。

(4) 无论腐殖酸还是黄腐酸,浓缩、干燥时最容易发生化学变化,因此处理温度应<70℃,最好是采用减压浓缩和冷冻干燥。

2.4 IHSS 土壤腐殖质综合分离法

国际腐殖质协会(IHSS)制定的土壤腐殖质的综合分离法是迄今为止唯一的腐殖质(HA)样品统一处理方法,基本遵循了条件温和、萃取充分、溶质-溶剂无不可逆作用等原则。操作过程如下:

将土壤过 2.0 mm 筛,按 1:10(质量/体积,即 m/V)的比例加入 1 mol/L HCl,调节至 pH 值为 1~2,室温下振荡 1 h,离心,上清液分出 FA(a)。在残留物中按 1:10(m/V)的比例加入 1 mol/L NaOH,在氮气氛下混合、振荡 4h,静置过夜,离心去除残渣。用 6 mol/L HCl 将提取液 pH 值调至 1,静置 12 h,离心,上清液分出 FA(b)。在 N_2 气氛下,将沉淀出来的腐殖酸(HA)用尽量少的 0.1 mol/L KOH 重新溶解,高速离心,加 6 mol/L HCl 调至 pH 值为 1,沉淀 12~16 h,离心,弃去上清液。残留的 HA 用 0.1 mol/L HCl+0.3 mol/L HF 混合液在室温下振荡过夜,离心后反复用 HCl+HF 处理,直至 HA 灰分<1.0%。再通过透析膜或透析管,使 $AgNO_3$ 检测不出 Cl^-,最后进行冷冻干燥。合并(a)、(b)两份黄腐酸溶

液，用 XAD-8 树脂吸附 FA，弃去残留液，依次用 0.1 mol/L NaOH 和水洗脱。流出液立即用 6 mol/L HCl 调至 pH 值为 1，使 FA 仍留在溶液中。随后将溶液通过 H^+ 饱和的离子交换树脂，冷冻干燥得 H^+ 饱和的 FA。

3 腐殖酸活化工艺

3.1 矿物源腐殖酸的活化工艺

矿物源腐殖酸的活化方式主要包括物理活化、化学活化以及生物活化。矿物源腐殖酸活化的目的是增加含氧官能团含量，将大分子的棕黑腐殖酸转化为活性更高的黄腐酸，增强腐殖酸的析出性。相关研究表明，与未活化的腐殖酸相比，土壤施用活化的腐殖酸后，作物在产量、品质、抗逆性等方面均表现出明显的提升效果。

3.1.1 物理活化

物理活化包括机械活化和超声波活化等。机械粉碎是提高腐殖酸中黄腐酸含量的有效方法，其实质是通过机械设备进行粉碎及剧烈震动，使原料煤在粉碎过程中内部发生轻度氧化降解，弱化学键及烷基支链断裂，降低腐殖酸的相对分子质量，提高黄腐酸含量，增强活性。有人研发出一种机械活化装置，能够提高腐殖酸含氧官能团的含量，降低相对分子质量，使腐殖酸和黄腐酸含量得到显著提高。但高强度的活化成本较高，步骤较为烦琐，且产率较低，因此目前工业生产中一般将粉碎或研磨作为前处理方法。超声波活化则能明显提高煤中游离腐殖酸的产率，提高腐殖酸的总酸性基团含量。其实质为：水溶液在超声波作用下引发空泡化效应，在声场的压缩相位内发生"内塌陷"，产生大量的 OH^-、H_2O_2 等氧自由基，将腐殖酸氧化降解，从而提高腐殖酸的氧碳比（O/C）和氢碳比（H/C）。超声波处理对不同风化煤均能起到活化作用，提高游离腐殖酸含量，且处理不同风化煤的最佳参数不同，与超声波功率、固液比和温度三者之间呈正相关关系。风化煤中游离腐殖酸的含量与水煤比、超声波功率、超声时间均呈正相关。然而，目前相关研究仍停留在实验室阶段，尚未投入实际应用。

3.1.2 化学活化

化学活化包括碱活化和氧化活化等。碱活化是使用苛性钠、苛性钾的水溶液或氨水与腐殖酸内酸性官能团反应，以及水解部分脂肪链，生成水溶性更好、活性更高的腐殖酸钠、腐殖酸钾或腐殖酸铵。碱活化产品因耐盐、耐温性差，在工业上的应用较少，一般应用于农业及畜牧业。腐殖酸钾多用于农业，不仅可补充钾元素，而且可避免土壤盐碱化。氨水活化对环境污染较大，故目前应用较少。氧化活化是采用氧化剂对原料煤进行氧化降解处理，以断裂大分子结构，增加煤中腐殖酸与活性基团的含量，提高低级别煤的利用率。氧化法能极大地提高腐殖酸的提取率，且氧化后所得腐殖酸具有较高的生物活性和化学反应活性。常用的氧化剂有硝酸、过氧化氢、空气（O_2）、臭氧等，其中研究与应用最早、应用最多的是硝酸氧化其产品被称为硝基腐殖酸。原料煤经硝酸氧化降解后，可将大分子非腐殖酸物质转化为再生腐殖酸，腐殖酸转化为更小分子的黄腐酸，增加含氧官能团数量并引入硝基，增强功能性。硝基腐殖酸可用作土壤改良剂、植物生长刺激剂和肥效促进剂，使用效果显著。但硝酸氧化的污染较严重，随着人们环保意识的提高，其产量也大幅减少。而用过氧化氢对原料煤氧化降解后，还原产物只有水，无任何污染。低阶褐煤经过氧化氢处理后，腐殖酸产率较理想。但在工业实际应用中，过氧化氢受热易分解，且反应程度不易控制，实际利用率较低，生产成本高，难以实现工业量产。空气氧化是在一定温度下，以空气为氧化剂氧化褐煤，再用碱溶酸析法提取氧化后的褐煤中的腐殖酸。空气作为廉价且易得的原料，其氧化处理方式环保，对腐殖酸的提取工艺具有一定的指导意义。

3.1.3 生物活化

矿物源腐殖酸的生物活化是将特殊的菌种加入腐殖酸中，利用微生物降解原料煤并引入其代谢产物，以提高腐殖酸含量及应用性。此法具有清洁无污染、反应条件温和、产品生化活性高等优点，符合绿色发展的新时代政策和现代农业可持续发展的要求。用于降解的菌种主要有放线菌、细菌、真菌和混合菌等。大量研究表明，施用微生物活化后的腐殖酸能够更好地促进植物的生长发育。比较物理活化、化学活化、生物活化等3种矿物源腐殖酸活化方式，生物活化的成本最低、最环保有效，但存在时间长、效率低等缺点。腐殖酸活化的主要目的是提高原料煤的品质及腐殖酸的产率，但无法大幅度提高腐殖酸整体的水溶性及抗絮凝性。

3.2 矿物源腐殖酸的改性研究

矿物源腐殖酸的化学改性主要是指研究者针对某种特定的应用来设计定向的化学反应或结构修饰，将腐殖酸转化为适合应用场景的腐殖酸类制剂，主要包括硝化、磺化与磺甲基化、卤化、氨化与酰胺化、缩聚与接枝共聚等。经过改性后的腐殖酸类功能材料在环保、油气开采、农林保水等方面均有良好的应用。

3.2.1 硝化

腐殖酸的硝化是指使用硝基正离子（NO_2^+）取代腐殖酸芳核上的氢，产物称为硝化腐殖酸，而非"硝酸氧化"。硝酸氧化原料煤的过程中，主要发生氧化反应。硝化反应一般在高浓度硝酸、低温、催化剂条件下进行。腐殖酸经硝化后，活性官能团增加，可极大提高化学活性与生物活性。

3.2.2 磺化与磺甲基化

腐殖酸的磺化与磺甲基化是在腐殖酸分子上引入磺酸基，产物称为磺化腐殖酸。磺化所用试剂为浓硫酸、亚硫酸钠、氨基磺酸、对羟基苯磺酸钠等，磺甲基化所用试剂为羟甲基磺酸钠（由等量的甲醛与亚硫酸氢钠制备）。一般认为磺化反应发生在醌羰基的间位，磺甲基化反应发生在腐殖酸芳核上官能团的邻、对位氢上。磺化腐殖酸可显著提高亲水性和抗絮凝性，可用作腐殖酸肥料、石油钻井液处理剂及其他分散剂等。

3.2.3 卤化

腐殖酸的卤化是用氟、氯、溴等卤素原子取代芳核上的氢，产物称为卤化腐殖酸，反应类型包括取代反应和加成反应，常见的是氯化反应，所用试剂为液氯、氯气、三氯氧磷等，腐殖酸的卤化对提高其官能团的活性有重要作用。

3.2.4 氨化与酰胺化

腐殖酸的氨化是用氨气与腐殖酸反应生成腐殖酸铵；腐殖酸的酰胺化是将腐殖酸铵加热脱水，得到腐殖酸酰胺。腐殖酸酰胺可以封闭腐殖酸中的羧基，降低水溶性，提高油溶性，也可继续发生其他反应，是非常重要的有机反应中间体。

3.2.5 缩聚与接枝共聚反应

腐殖酸的缩聚是用某种交联剂桥接为腐殖酸缩聚物，交联剂可选用甲醛、环氧丙烷、尿素等。接枝共聚是指在腐殖酸分子上通过化学键先结合上适当的支链或功能性侧基（接枝），后共聚形成特殊功能的接枝共聚物。主链和支链的组成、结构、长度以及支链数可影响接枝共聚物的性能。常见的用作与腐殖酸接枝共聚的接枝单体有丙烯酸、丙烯腈、丙烯酰胺、甲基丙烯酸甲酯等。通过缩聚与接枝共聚，可增加腐殖酸分子的高芳香缩合度，提高热稳定性，用以制备高效的土壤改良剂等。

矿物源腐殖酸所用原料煤作为不可再生资源，随着生产厂家的开发，不仅储量减少，优质矿物源也愈发难以寻找。因此，通过研究矿物源腐殖酸的活化及改性来提高原料的利用率、提升腐殖酸的性能及使用效果尤为重要。然而，单方面地将腐殖酸活化或改性都存在一些弊端。活化可以激发腐殖酸的活性，但成本较高，且生产效率有待提高；改性可以提高腐殖酸的适用性和使用效果，但依赖于原料的品质。因此，在今后的研究中，可以考虑将腐殖酸的活化与改性相结合,互取所长,互补所短,以期得到更适合于工业生产的腐殖酸处理方法,以及更具经济价值的腐殖酸类制剂。

4 不同腐殖酸物质对玉米苗期生长及养分吸收的影响

摘要:研究不同腐殖酸物质对玉米苗期生长及养分吸收的影响。采用盆栽试验设计,以玉米为试验对象,通过施用不同腐殖酸物质,系统分析其对玉米生长状况和养分吸收能力的影响。从生物量增长角度看,污泥提取物、木焦增加幅度最大,增幅达30%以上,与对照相比达到显著性差异($P<0.05$);从吸收养分角度看,分析心连心、污泥、木焦吸收量最大,增幅30%~50%,与对照相比达到显著性差异($P<0.05$),这可能与7—8月天气较热有关,对玉米表现为逆境胁迫,心连心为矿源腐殖酸,市场认可对逆境具有抗性;而污泥、木焦从生物量、吸收养分量分析,均具有较好的表现。综合评定污泥提取物、木焦可能具有潜在的推广应用前景。

关键词:腐殖酸物质、玉米、生物量、养分吸收

4.1 材料与方法

4.1.1 供试材料

供试土壤为灰漠土,采自新疆农业科学院灰漠土试验基地,土壤样品经过风干、混匀后,通过5 mm土壤筛处理,备用。

4.1.2 试验方法

试验设置不同的矿源、生物源腐殖酸提取物处理,包括木亚氧化、心连心、对照、木焦、木碱氧化、污泥、矿源氧化等。按照生物源6 000倍稀释,矿源15 000倍稀释(以综合成本一致原则);每盆种植玉米10株。试验开始时,将每个处理对应的土壤均匀装入花盆中,每盆土重15 kg,氮肥采用尿素,磷肥采用磷酸二氢钾,

配制成营养液,与灌溉水混合后分 2 次施入。

玉米种植 30 d 后,测定玉米的地上和地下生物量,测定玉米地上、地下部分的重量及其氮磷钾含量,同时采集土壤样品测定土壤样品的全磷和速效磷含量,采用常规方法测定。

采用 Excel 2003 和 SPSS 17.0 进行数据处理及统计分析。

4.2 结果与分析

4.2.1 不同类型腐殖酸提取物对玉米苗期生物量的影响

不同类型的腐殖酸对玉米苗期地上部分生物量的增长具有明显影响,其中污泥提取物、木焦处理的增幅最大,增幅达到 30% 以上,达到显著性差异($P<0.05$);其次为矿源氧化、木碱氧化、心连心,增幅为 15.57%~25.25%;木亚氧化增幅最小,未达到显著性差异($P>0.05$)。而对地下部分有不同的影响,表现为木亚氧化>木碱氧化>矿源氧化,这可能与对根系生长的影响不同,直接导致地上/地下生物量比值存在较大差异,表现为木亚氧化>心连心>对照>木焦=木碱氧化>污泥>矿源氧化。各处理下玉米单株干重表现为污泥>木焦>木碱氧化>心连心>矿源氧化>木亚氧化>对照,增幅达 14.39%~33.26%,均达到显著性差异($P<0.05$)。见表 1 和图 1。

表 1 各处理对玉米苗期生物量的影响

	地上部分干重	地下部分干重	单株干重	地上/地下	地下增幅	地上增幅	单株干重增幅
木焦	0.91	0.82	1.73	1.10	28.17	35.08	31.36
木碱氧化	0.84	0.76	1.59	1.10	17.75	24.26	20.76
木亚氧化	0.85	0.66	1.51	1.29	19.72	8.20	14.39
矿源氧化	0.78	0.76	1.55	1.02	10.14	25.25	17.12
心连心	0.86	0.71	1.57	1.23	21.69	15.57	18.86
污泥	0.91	0.85	1.76	1.08	28.45	38.85	33.26
对照	0.71	0.61	1.32	1.15	0.00	0.00	0.00

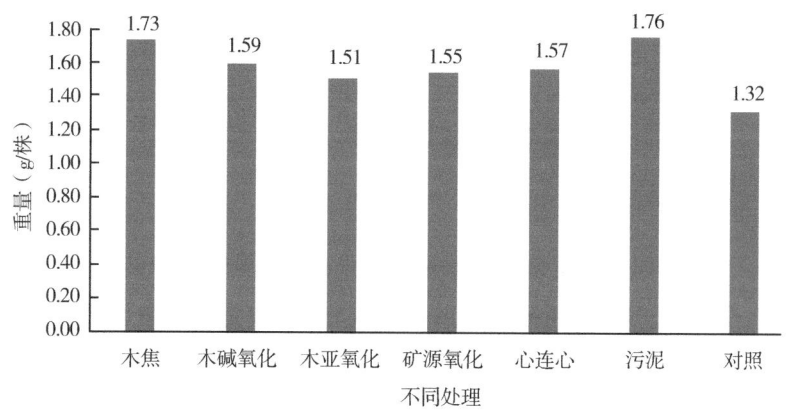

图 1 单株玉米苗期干重

4.2.2 不同处理对玉米地上部分氮含量的影响

不同腐殖酸处理对玉米地上部分吸收氮有明显的影响,具体表现为心连心>矿源氧化>木亚氧化>木焦>木碱氧化>污泥>对照,增幅达 40%~95%,均达到显著性差异($P<0.05$),这可能与腐殖酸类物质对玉米吸收 N 有积极影响。见图 2。

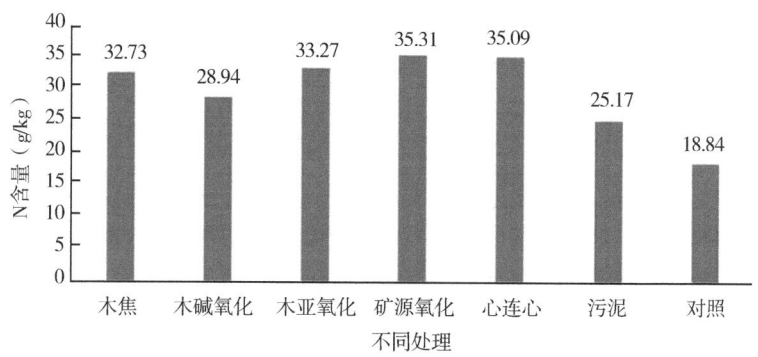

图 2 不同地上部分处理氮含量

4.2.3 不同处理对玉米地下部分氮含量的影响

不同腐殖酸处理对玉米地下部分吸收氮有明显的影响,具体表现为心连心>矿源氧化>污泥>木焦>对照>木碱氧化>木亚氧化,心连心、矿源氧化、污泥处理达到显著性增加($P<0.05$),木碱氧化、木亚氧化较对照有所下降,其中木碱氧化较对照下降10.2%,达到显著性差异($P<0.05$),木亚氧化无明显差异。见图3。

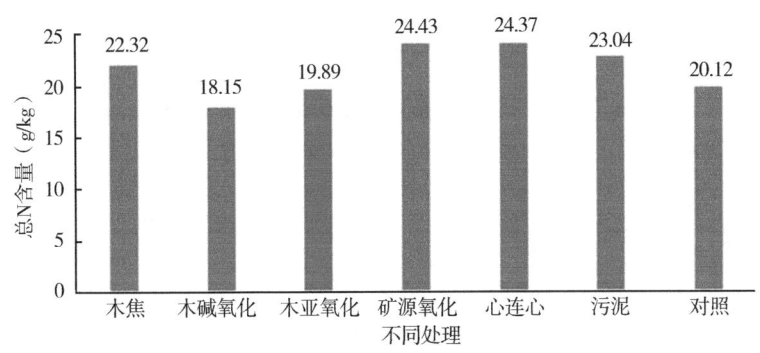

图3 地下部分N含量

4.2.4 不同处理对玉米地下部分磷含量的影响

不同腐殖酸处理对玉米地下部分吸收磷有明显的影响,具体表现为心连心>木亚氧化>矿源氧化>污泥>木焦>对照>木碱氧化,心连心、木碱氧化、矿源氧化、污泥处理、木碱氧化较对照增幅达8%~20%,达到显著性增加($P<0.05$);木亚氧化较对照有所下降,木焦与木碱氧化与对照无明显差异($P>0.05$)。见图4。

4.2.5 不同处理对玉米地上部分磷含量的影响

不同腐殖酸处理对玉米地下部分吸收磷各不相同,心连心、木亚氧化处理较对照有明显增加($P<0.05$),其中心连心处理增幅最大,达到25%以上,其他处理较对照无明显增加($P>0.05$),木碱氧化反而较对照有所下降。见图5。

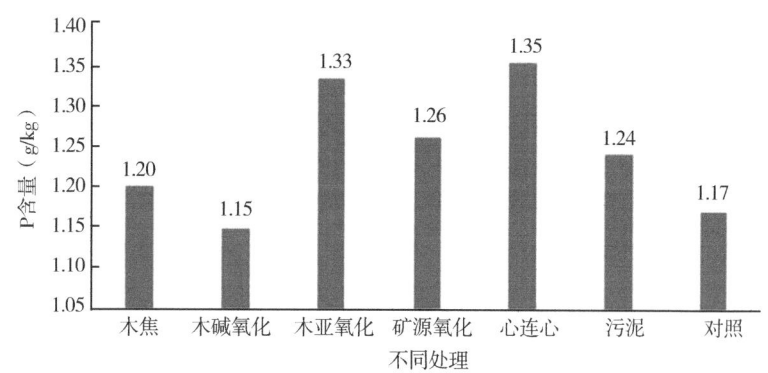

图 4 地下部分 P 含量

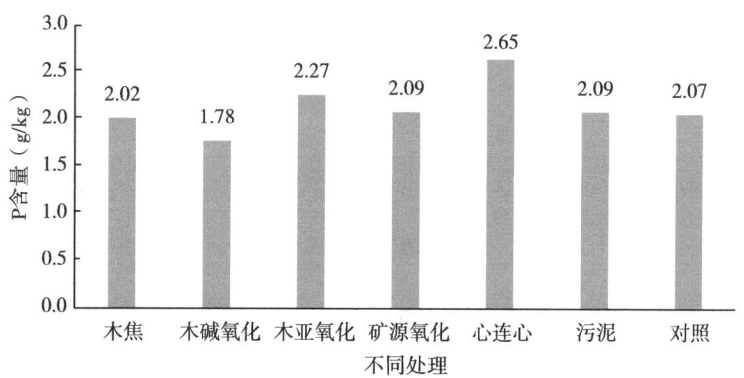

图 5 地上部分 P 含量

4.2.6 不同处理对玉米地上部分钾含量的影响

不同腐殖酸处理对玉米地上部分吸收钾有明显的影响,具体表现为心连心、木亚氧化相对于对照增加最大,增幅 10%~16%,达到显著性差异($P<0.05$);其他处理仅有小幅度增加,但未达到显著性差异($P>0.05$)。见图 6。

4.2.7 不同处理对玉米地下部分钾含量的影响

不同腐殖酸处理对玉米地下部分吸收钾有明显的影响,具体表

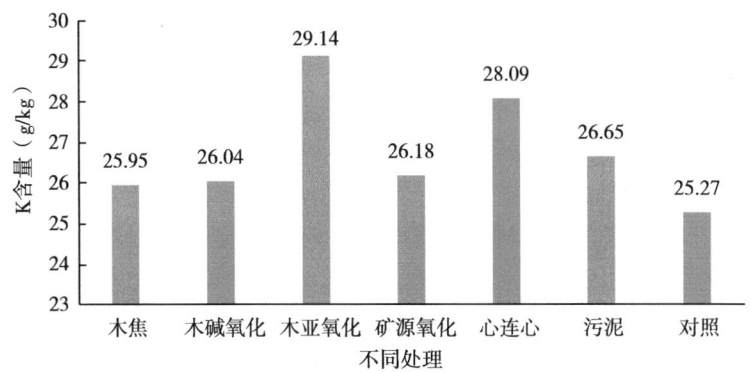

图 6　地上部分 K 含量

现为污泥>心连心>木焦>矿源氧化木>亚氧化>木碱氧化>对照，其中污泥、心连心增加最大，较对照增幅达 30% 以上，达到显著性增加（$P<0.05$）；其他处理较对照增幅不大，仅为 3% 左右，未达到显著性差异（$P>0.05$）。见图 7。

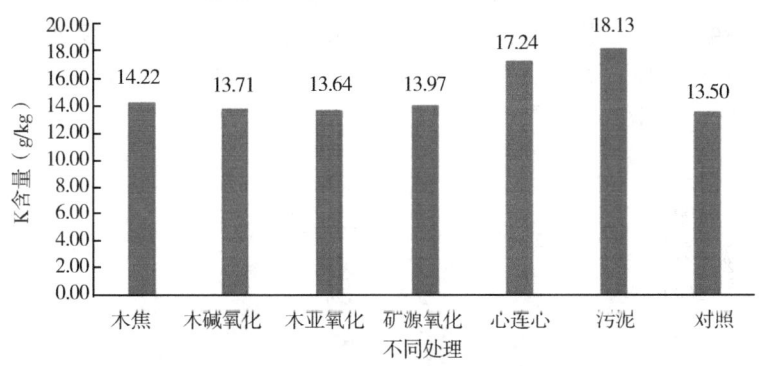

图 7　地下部分 K 含量

4.2.8　不同处理对玉米单株总氮含量的影响

不同腐殖酸处理对玉米单株总氮含量有明显的影响，具体表现为木焦>污泥>矿源氧化>心连心>木碱氧化>木亚氧化>对照，增幅达 45%~80%，均达到显著性差异（$P<0.05$）。见图8。

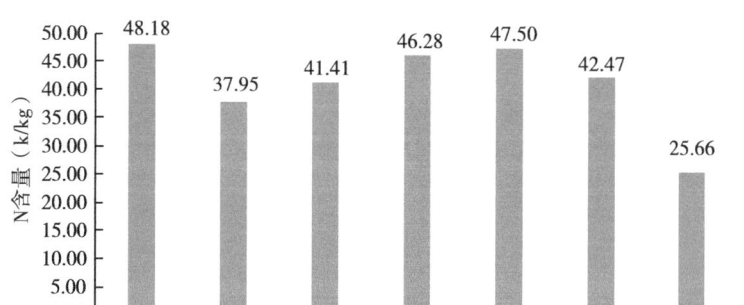

图8 单株吸收总N

4.2.9 不同处理对玉米单株总磷含量的影响

不同腐殖酸处理对玉米单株总磷含量有明显的影响，具体表现为心连心>污泥>木焦>木亚氧化>矿源氧化>木碱氧化>对照，增幅达 8%~50%，其中心连心、污泥、木焦、木亚氧化、矿源氧达到显著性差异（$P<0.05$），而木亚氧化未达到显著性差异（$P>0.05$）。见图9。

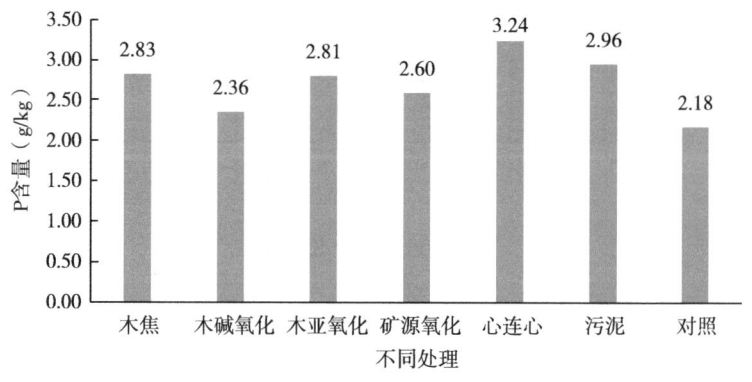

图9 单株玉米苗期总P含量

4.2.10 不同处理对玉米单株总钾含量的影响

不同腐殖酸处理对玉米单株总钾含量有明显的影响,具体表现为污泥>心连心>木焦>木亚氧化>木碱氧>矿源氧化>对照,增幅达20%~50%,均达到显著性差异($P<0.05$),而木亚氧化未达到显著性差异($P>0.05$)。见图10。

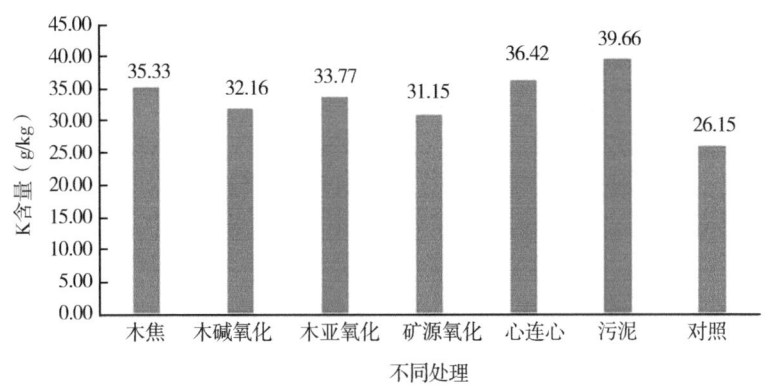

图10 玉米单株总K含量

4.3 结论

从生物量角度看,污泥提取物、木焦增加幅度最大,增幅达30%,与对照相比达到显著性差异($P<0.05$);从吸收养分角度分析,心连心、污泥、木焦吸收量最大,这可能与7—8月天气较热有关,对玉米表现为逆境胁迫,心连心为矿源腐殖酸,市场认可对逆境具有抗性;而污泥、木焦从生物量、吸收养分量分析,均具有较好的表现,因此综合评定污泥、木焦可能具有潜在的应用前景。

附 图

不同来源腐殖酸对玉米地上部分的影响

不同来源腐殖酸对玉米地下部分的影响

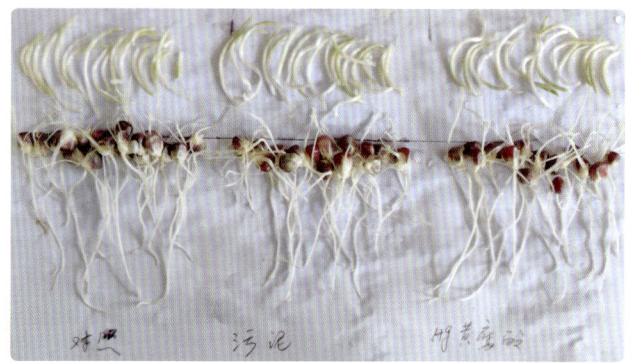

不同来源的黄腐酸对玉米出芽的影响

污泥黄腐酸对玉米苗期的影响

污泥黄腐酸对玉米苗期的影响

不同类型的腐殖酸减轻玉米苗期缺磷症状

污泥黄腐酸对玉米苗期的影响

污泥黄腐酸对洋葱根系的影响

污泥黄腐酸对洋葱根的影响

牛粪堆肥黄腐酸制备

矿源黄腐酸对棉花生长的影响

水热法制备污泥黄腐酸的稳定性试验

污泥堆肥提取腐殖酸对玉米根系的影响

牛粪污泥堆肥提取腐殖酸对玉米水培的影响

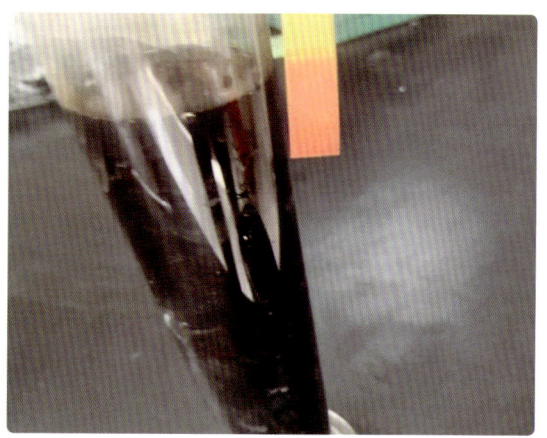

抗酸矿源腐殖酸

抗钙镁型腐殖酸土柱下渗试验

污泥黄腐酸对小麦水培的影响

木质腐殖酸对玉米水培的影响

不同类型腐殖酸对小麦苗期的影响

木质腐殖酸对小麦根系的影响

木质腐殖酸对玉米根系的影响